木工大师教你做
36款自然风家具

日本宝库社　编著
焦维林　译

河南科学技术出版社
·郑州·

目　　录

实例取材

独创的家具
独创的设计

下面是不乏设计感、大小合适的普通家具和翻新家具。
只有多花时间和精力才能营造出爱意浓浓的家，
就此我来介绍一下我的家。

大胆地削磨桌子表面

洋子不喜欢桌子上留下的污垢，就用打磨机削掉。“削掉污垢后留下的凹凸不平的痕迹让我觉得好有感觉啊。”

STYLE 01 关口洋子

关口洋子重视和家人在一起的时光，喜欢闲适的生活节奏。她偶尔参加一下活动，快乐地经营着自家小店“cottonseed”。在自家小店中享受着不同形式翻新的同时，她也开办了木工教室。详情会在微博中告知。

不惜花费时间和功夫，来营造自己想要的生活。

关口洋子的小店每周开放一次，主要经营可爱的杂货和亲手制作的木工作品。“那是建了有30年之久的旧仓库，我可以在里面随心所欲地对东西进行翻新。我的理念是把东西可爱的一面展现出来，并且一旦厌倦了，就可以马上改换。这样的想法，让我可以随时随地去挑战新的制作。”

在和式房间的砂壁上涂灰浆、贴板壁，在屏风上贴布料，铺地板，洋子就这样一个人日复一日地重复着这些动作，花费了9年的时间来做这个室内装修。现在仍在对房间进行改装的洋子笑着说：“我注重的是自己的感觉，即便是自己刚买的新家具也毫不在意地涂上别的颜色。我只用铰刀和锤子就把小店（约18.2平方米）与卧室（约12.8平方米）之间的隔板打通了，并把那里做成了大的装饰窗。虽然很费事，但确是美好的回忆。这是房间最主要的组成部分，也是我最喜欢的地方。”

她终于完成了这个舒适的家的全部工作。这个家让她和喜欢吉他的女儿绫芽每天都过得很快乐。

她终于完成了这个舒适的家的全部工作。这个家让她和喜欢吉他的女儿绫芽每天都过得很快乐

复古家具也涂成白色

因为浓茶色的家具让房间很暗淡，就狠下心来把家具涂成了白色，房间一下子变得明亮起来。

独创式翻新再创作

1 和绫芽一起度过下午茶时光。她们最近聊音乐聊得很火热。
2 营业板上的字是洋子亲手写的，“手写的东西能让人感觉到一种印刷体所没有的温暖，所以就想尽可能地手写”。
3 搭配一些适合木工家具的观赏植物和颜料。“我把它们放在手边，这样我一有想法，就可以马上行动。”

在墙壁上凿一小窗

无论如何都想要做一个这样的小窗。在它的周围点缀些装饰用的小架子和一些复古小百货，更是韵味无限。

与木工相识10年
是它让我实现了梦想

接触木工是从10年前做人偶的时候开始的。因为需要一些家具来展示做好的人偶和收纳或买来的材料，洋子慢慢地对木工有了兴趣，就这样轻松地开始了木工之旅。“好主意源源不断地涌现出来，我像着了魔似的想把它们都实现。”

随着她制作的木工作品在活动上卖出了人气，并在网上也积攒了一定的人气，她就在朋友和顾客的要求下成立了这个工作室。“木工带给我很多体验，我也开了一家自己梦想中的小店。这家小店对我来说很重要，因为它支撑着我的梦想。”

黑板装饰信架

这是能挂立的信架。黑板部分用砂纸随意打磨四角，进行仿古加工。重点是要给黑板装上漂亮的装饰钉。

袖珍抽屉柜

独特的拉手尽显其可爱。搁板内装有门吸，这样门就可以牢牢地关上。

Welcome to my home

一边享受着家庭的快乐，一边经营着自家小店

小店开业时间是2012年3月。她穿行于古董市场和古董商店，直到找到自己想要的东西。“有时也会买一些流行的东西，但大多数是买我喜欢的东西，再用它们制作喜欢的家具。只要能看到大家脸上满意的笑容，我就很满意了。为了能有更多的时间和家人在一起，我每周只营业一次。但为了满足顾客的要求，我决定尽量扩大小店的规模。”

别致的三孔插架

这是刚开始的木工作品，是用从家用商店买来的便宜小料制作而成的。它的轻微晃动之感给人一种复古的感觉，这让我很喜欢。

我有我最爱的装饰风格

STYLE 02

山根一哉
小尾则子

小尾则子负责布作家饰，山根一哉负责制作木工作品，两个人都非常喜欢手工制作。他们的作品广受欢迎。在活动上，在自家小店或者杂货店里，都能够看到他们制作的家具。他们还把每天的活动报告和生活情况发布在网上。

“上小学的时候，周围的小朋友们都有卡通桌，我也向父母要了一台书橱，这大概是我第一次喜欢上木制家具吧。”则子笑着说。她小时候就很喜欢结实的家具。这个家都有14年了，依然是那么漂亮，就像从海外杂志上飞出来的一样，是一个充满着回忆和令人怀念的家！

则子那个时候每天都在想：“讲究的室内装饰再加入些自己喜欢的杂货，要是能拥有一个这样的家就好了。”后来她的丈夫一哉帮她实现了愿望：则子先把自己喜欢的家具画成画，再由一哉来完成制作。

客厅里则子的布作装饰品和一哉的木工作品优雅地融合在一起。

木制提手的手提包

带挂钩的格子架和竹篮包

“如果按照我的感觉来制作的话，总是会做出来过于注重功能的直线条的物品，有时会得不到妻子的认可。我曾经认为要做得更结实、更好才行，但是木工师傅却告诉我‘做得业余一点，有什么不好呢’，我才发觉，原来做出来的这个样子，就是我的风格。”

或许正是伙伴的这种鼓励，成了我创作的原动力，我才能和则子一起创作出新的作品。

两人的作品集

则子和一哉的作品是相互映衬的。
1 这是两人合作的作品，其中提手是一哉完成的。一哉说想要一种又结实、手感又好的作品，为此尝试了很多种木材。
2 这是他们使用了很多素材而完成的作品。
3 鸟状挂钩与简单的亚麻布包的搭配，既没有妨碍挂钩的存在，又凸显了亚麻布包的美丽。

竖式挂架和亚麻布包

开放式厨房搭配白色的面砖和抽油烟机，不仅给人优雅的感觉，还提高了厨房的亮度。这里是家人欢声笑语的聚集地。

室内装饰的完美组合——白色和茶色

在木工制作中，则子在意的是和室内装饰相配而又不张扬的设计，因此就选择了白色和茶色的传统搭配，并将它们完美地融合在室内装饰中。

WHITE

白色的作品给人一种奢华的感觉，常用作壁挂，多选用材质轻盈的扁柏木材。

1 白色很容易和布料搭配，可以把小碎布装饰在搁物架的背板上。

2 家里有几个精美的餐具盒也会很方便。

3 格子直立架可以用来展示小百货，格子大小随意设计。

BROWN

选择杉木来营造轻松的氛围。茶色能突出素材感和木材的纹理。

1 使用杉木做成的结实而又美丽的餐架。

2 修长壁挂——单孔插架，可以凌乱而又随意地插些植物，给人一种浓郁的古典气息。

手工制作的陈列窗里展示的都是在活动和销售中很有人气的作品。石灰墙上开一个木制边框的大窗户，怀旧式的房梁上刻意做了些处理，像时光留下的痕迹。不管是破旧的房梁还是木框窗户，餐厅的一切都给人一种怀旧的感觉。

奢华、简单、温暖、有存在感是则子木工作品的主题。在则子看来，一边创作木工作品一边寻找主题是室内装饰的第一步。

坚持自己的风格，不妥协

比起新的东西，则子更喜欢给房间装饰上有古朴气息的东西。建房子的时候，从面砖的颜色到木材的纹理和触感，他们会一直商量到双方满意为止。为了使室内装饰尽善尽美和做成双方都没有异议的家具，即便是一种白色的涂料，他们也会辗转好几家店，直到找到满意的那一种。

STYLE 03

今井经子

木工小百货制作者今井经子活跃在各个杂志、活动和木工课堂上。她主题性很强的原创小作品很有人气。另外，她用网名“Keri works”在网上展示自己的木工作品并积极地参加木工启蒙活动。

想要大家轻松地来感受木工作品带给人们的民间手工艺品的感觉

工作室里的很多地方是用完成的作品来装饰的。“稍微装饰一段时间的话，会发现这些作品的不足之处哦。”

今井经子的工作室面朝向阳的庭院，有六张榻榻米的大小（约9.6平方米）。“工作室里有水池，很方便完成作业，也方便处理木屑，隔音效果也很好。”在她的工作室里，涂料、工作台、工具有各自的位置，使用起来很方便。有时候她儿子和她儿子的朋友也会来这里做学校留的手工作业。

她从2011年开始在小学里代课，不能抽很多时间用在木工上面了，只有在暑假和春假这些固定的假期里才可以窝在工作室埋头于木工制作。“忙是忙了些，因为特别喜欢，所以就想按照自己的节奏一直坚持走下去。”

经子接下来的梦想是让大家更多地来感受木工，喜欢木工。在她的工作室里和活动上，她会让大家亲身感受木工制作，用操作电动工具来切身体验木工制作，有很多人告诉她体验之后就想买回一些工具来亲自尝试一下。“只要能让更多的人感受木工是很有亲和力的，而不是高不可攀的，我就很开心了。”

Welcome to my atelier

工作室介绍

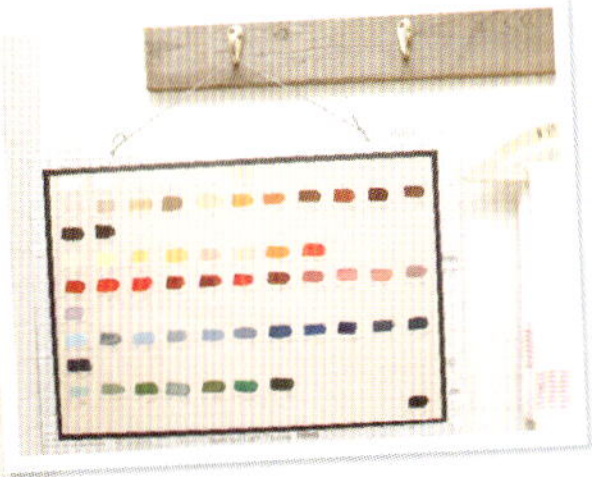

用颜色标本来决定颜色

在水池边上放着很多丙烯颜料和笔。为了很快地从多种颜料中找到自己想要的，就做了标记着号码的颜色样板。这样一来就可以轻松地给作品涂上想要的颜色了。

给完成作品的纸样分类

把完成作品的照片、插图、纸样放在文件夹里进行分类整理，这样只要有步骤就可以随时地进行木工作业了。

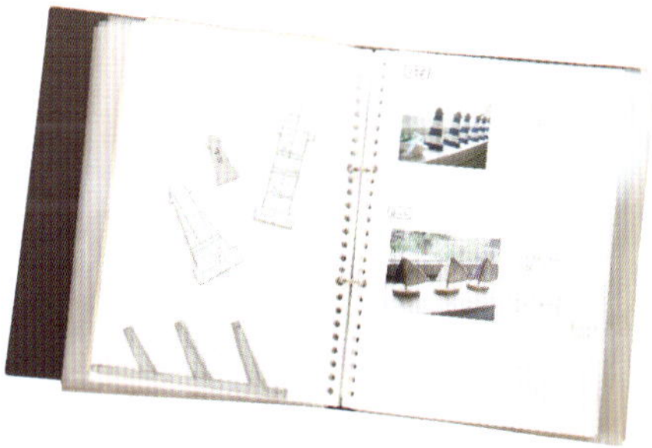

将零碎东西放入可见收纳盒里

将未完成的作品、细绳、细带之类的零碎东西分好类放进小容器里，再放入收纳盒以便拿取。

把工具放在工作台上

可以把经常使用的工具放在工作台上，台下放着带脚轮的收纳盘。“我很喜欢那个台上线锯。它比较小，声音也小，女性使用起来很方便。”

重要的是享受木工制作的过程

经子每有新鲜的设计就会很兴奋地跃跃欲试。一个很喜欢她作品的人对她说："乍一看虽然很普通，但这却是只有你才能创造出来的艺术世界。"这句话至今仍在她的脑海里回荡。

1

2

3

4

5

1 把到目前为止做成的卡通作品组合在一起，做成一个个"all stars"时钟。每一个部件都有着自己美好的回忆。
2 简约的挂钩和印刷上去的英文字是亮点。
3 用剪下来的亚麻布和棉布做成简单的船帆，给人以抚慰内心的柔和感。
4 用挂绳、挂坠制成的小手工艺品，初次挑战木工的人也能轻松完成。
5 通过简单的分割处理而制成的格子展示架，闪烁着灵感的光芒。

Craft Lesson

来做书立吧

只需把两块木板粘接在一起就可以做成简单的书立。

材料

- 松木板（厚15mm）140mm×300mm 1块
- 厚朴木板（厚5mm）40mm×80mm 1块
- 砂纸(120号、1000号)
- 着色剂（胡桃木色）
- 丙烯颜料（象牙色、深蓝色）

切材料

切竖板和底板。在竖板适合的位置用电钻打孔，将电钻通过该孔切成一个大点的圆孔。

切孔用砂纸（120号）打磨，板的表面用细砂纸（1000号）打磨。

备齐物件

物件有竖板、底板和小旗三块。这个时候可以在竖板上盖一印戳，或是用彩笔画幅插图，或写一段文字。

展开图

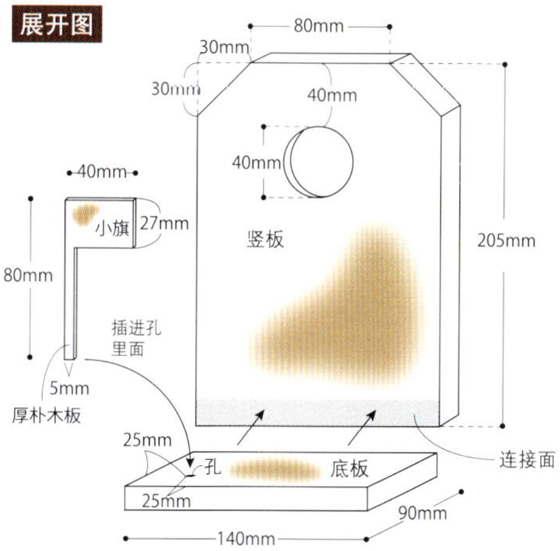

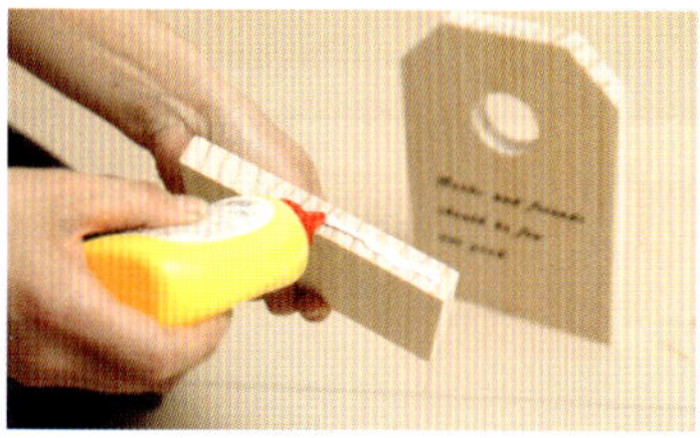

在连接面薄薄地涂上木工胶，延展开来。

压着竖板和底板直到木工胶干透。如果是用来放字典等重书的话，可以在竖板上朝底板方向钉上木螺钉或者普通螺钉，增加承重力。

做小旗

小旗的根部（插进底板的部分）用砂纸（120号）打磨，做成圆柱形。

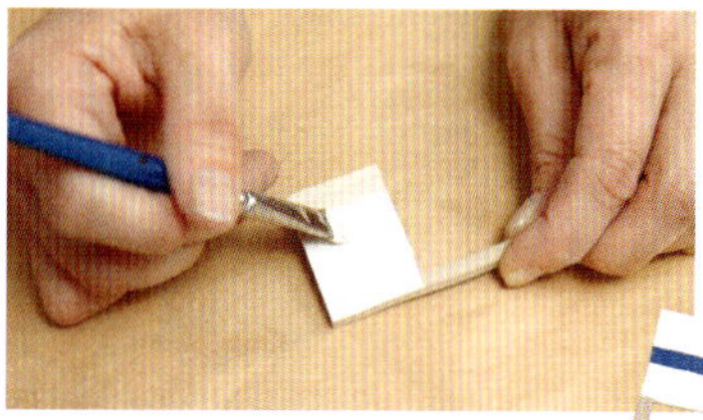

用丙烯颜料给小旗涂上象牙色，干后在中间涂上深蓝色。

用蘸了着色剂的抹布给整个书立上色。

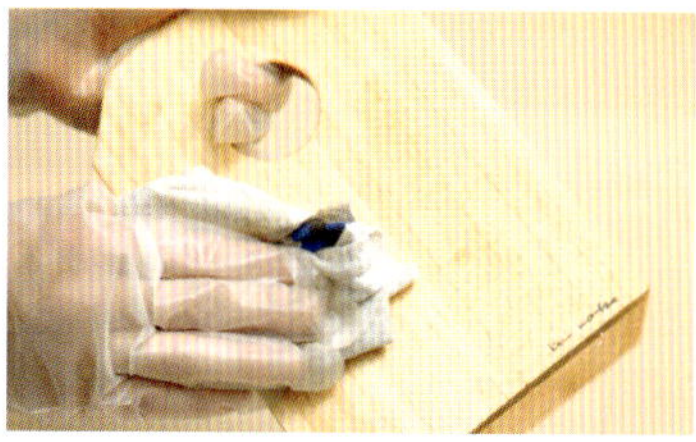

没有完全浸透的多余的着色剂用抹布的另一面擦拭干净。

着色剂完全干透之后用电钻在底板上打一个插小旗的孔。用直径4.5mm的电钻钻头打一个深7mm左右的孔。

在小旗的根部涂上木工胶，插在小孔里。

完成

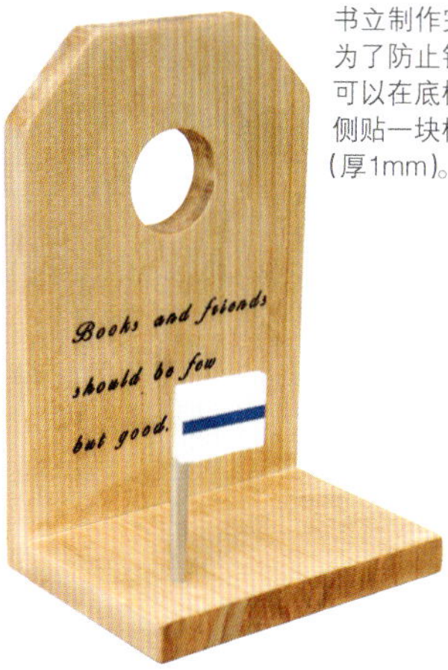

书立制作完成。为了防止错位，可以在底板的里侧贴一块橡胶板（厚1mm）。

STYLE04 尾下柚香

搁架制作家尾下柚香“挑选做架子用的木材时，往往为了找到喜欢的纹理而花费一天的时间”。听柚香说，她的手工搁架专卖网店“olive cafe”回头客很多。

沉浸在木工制作和家具翻新中是我最放松的时候

尾下柚香的家上过很多杂志。尽管如此，每次去她家，房间都会发生变化，让你很难想象这是同一间房子，令人觉得很不可思议。“因为喜欢木工和家具翻新，我会每隔几个月改变一下家里的风格，也会翻新、制作家具，这样就会给人不同的感觉。”最近几个月，她把原来横着放的家具改成竖着放，把整面墙改装成大型书架，还重新给墙壁刷上不同的颜色……从奢华的外表来看，很难想象这是翻新所带来的视觉效应，让人惊讶不已。下班回来，休息片刻然后环顾四周，各种各样的想法就涌现了出来。稍微整理一下思绪，马上就开始行动。这种冲动的好处在于，她只是用手边的涂料来完成颜色的调配，在灵感闪现的时刻制作出作品，这样就不会出现相同的颜色。“与木工结缘已有7年之久，至今依然一如既往地喜欢着。进行木工制作和家具翻新是我最快乐的时光。”

1

2

1 厨房右侧的冰箱是柚香以前采购材料时在二手店发现的。“这是我到目前为止最喜欢的东西。”

2 柚香说在一些凌乱的地方会让人觉得很舒服，收纳就要用看得见的收纳盒。

最近做成的书架搁板不深，因为这样不会给人压迫感。书架的高度可以根据自己的喜好来调整。

最喜欢的室内装饰
让你快乐的方法多种多样

柚香的家是租来的公寓，虽然喜欢翻新但最终还是要回复原状。本来翻新家具就有很多限制，柚香说：“在有限的条件里能够好好地享受木工带给我的快乐，这样就足够了。”那么就让柚香来教我们木工制作和翻新方法吧。

橱柜

只需要在四脚之间架上几块加强板就制成了简易的橱柜。橱柜简单的形式绝对不会掩盖收纳来的各种餐具的美丽颜色。

餐具收纳架

固定在橱柜上面的餐具收纳架不加修饰的话颜色会有些暗淡，可以在背面和侧面涂上颜色，“你还可以根据心情来改变颜色”。

厨房翻新

柚香说："不知道翻新过几次，也不知道涂过多少颜色。"她家橱柜上的门、橱窗、板壁、隔板都可以简单地拆下来。板上画着的插图很有感觉。

大爱的储物架

"这种存在感很强的家具是家里的一大亮点。"为了再现在海外杂志上看到的一见钟情的架子，柚香用雕刻刀、锯和电钻对它进行了仿古加工。

1

2

3

4

1 为了让板壁不显得那么单调，柚香让女儿在板壁上涂写了英文，这样室内装饰一下子明朗了起来。
2 把台灯钉在墙上，“台座很复古、很可爱吧”。
3 把卧室和孩子房间之间的隔扇去掉，做成了与复古窗框相搭配的带橱窗的墙壁。
4 古老的内置电话是无法拿掉的，可以把它隐藏在带门扇的架子里面。

阳台上的装饰也很费功夫。“我喜欢把阳台上的桌子移动到厨房和卧室，也很享受这个过程。”

如果坚持自己的想法，就能做成充满爱意的作品

小时候柚香就喜欢室内装饰和家具，即便不买东西也喜欢逛家用品商店，看到一种家具就会想：“这种家具很适合这种室内设计……”当时她就是这样一个爱想象的孩子。她成为现在的自己和那个时候酷爱幻想是分不开的，她一边回顾过去一边很怀念地说。

“我觉得按常理应该怎么样并不重要，重要的是喜不喜欢和有没有心动的感觉。不管是木工制作还是翻新都不要改变当时自己的想法，这样做出来的东西才会越看越好看。”

STYLE 05

长谷川优子

从喜欢DIY（自己动手做）的父亲那里继承的钢丝锯和从母亲那里得到的礼物电动锯，是长谷川优子开始木工制作的契机。现在，她用木材、铁丝、布等素材制成的手工艺品会定期地在作品展或活动中展出。

不断尝试，失败，灵光闪现，从而产生的作品

有时用小锤子把金属丝钉在布上，制成粗糙的表面，有时把纸粘贴在灰浆上，长谷川优子从材料的加工到零部件的搭配，新鲜的想法层出不穷。

“有没有一些没有尝试过的有趣的事情呢？我没事的时候就喜欢这样想。灵光一闪，马上就这个那个地开始尝试，虽然也会有失败，但当我把突然出现的想法变成一件有趣的工艺品或者出现了一种没有想过的风格的时候，我会欢呼大叫：“成功了！”

完成这些新鲜想法的素材是收藏的很多不舍得扔掉的东西。“衣服剪掉的多余的边料，甚至是红茶包过滤纸，我都会想会不会用在作品里呢。在别人看来是垃圾的东西，可能都会让我产生不一样的想法。”

这次介绍的作品中，有很多通过优子那双巧手得到重生的“边材”在默默地衬托着作品的美丽。

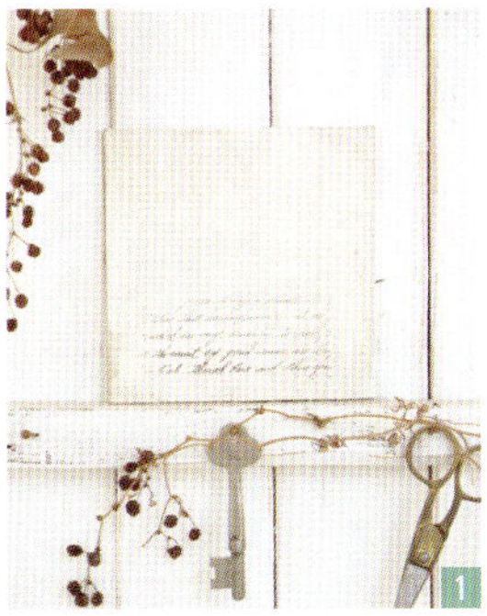

1 像是不经意间洒上了油漆而制成的复古风格的展示板是今年的新作。
2 做建筑材料的铁丝容易加工，也会给人一种生锈的年代感，把它做成了围栏状，用来展示。
3 妈妈觉得我喜欢旧旧的东西，就把父亲办公室里的旧玻璃窗送给了我，我把它做成了屏风，宛如新生。

陈旧东西的魅力
在于积年累月的存在感

优子尽量去收集一些老家搬家时不要的东西，她说："比起新的东西，我更喜欢经过风吹雨打后旧旧的东西，我希望我做成的作品就像这些旧东西一样，不张扬，不起眼，默默地存在在那里。"

她的每件作品都会给人一种陈旧的感觉，虽简单却不同寻常，有种不可思议的古朴的味道。

刻着回忆的沙漏

老家搬迁的时候，想让家乡的土也成为家具的一部分，就做成了沙漏。"他们肯定很寂寞吧，这就当作对父母小小的慰藉吧。"

销售用陈列柜（现在很流行）

翻新抽屉

这是优子老家以前做种子批发生意时留下来的收纳家具，她用这些材料做成的独具自己风格的家具，现在也很火。

挡板和展示用折叠门

老家的测量工具盛放箱

送给女儿的熨斗台

打开旧旧的木箱，你就会看到一个熨斗台。“因为我觉得很方便，所以准备在女儿结婚的时候送给她。”

卡片夹

1

活用边材铁丝圈

2

沙漏

3

4

铁丝筐

5

滤布收纳盒

虽不讲究实用，但是看重色调和风格

木工作品不只停留在木头上，这就是优子流派。在很久以前她就喜欢手工制作，平时就会用铁丝、布料和黏土等素材制作手工艺品和木工作品。“我很在意色调和风格，还有作品带给我的快乐，所以做了很多不太实用的东西，但是做这些东西的时候我真的很快乐。”

1 把三角形、四边形的边材粘在一起，做成卡片夹。在涂料上涂上黏土，热情洋溢。
2 活用边材。把铁丝涂成白色，做成简易装饰环。
3 沙漏盒的门是从古董市场淘来的。“虽然不知道怎么用，暂且做成梯子状的东西。”真是异常地合拍啊！
4 铁丝围成的小筐子简易且魅力十足。
5 这是在思考如何使用滤布时突然想到的主意，颜色也很搭！

Paint Lesson

来做卡片夹吧

做木工的时候一定会有一些多余的边材。现在介绍一些灵活使用这些边材制成的作品吧。

材料

- 边材（三角形和四边形小料）
- 石粉黏土（黑）
- 灰浆涂料、丙烯颜料（黑）

涂涂料

将三角形和四边形边材涂上木工用黏合剂压着，制成房屋的形状。边材太薄的话可以几块叠在一起按压，使其变厚。压好之后，为了能够插入卡片，竖着在中间用锯裁出细缝。

给石粉黏土混水，用小抹子延展直到变软。给整个卡片夹上涂料，晾干。

在灰浆涂料中混入黑色的防水涂料，调和成喜欢的颜色。

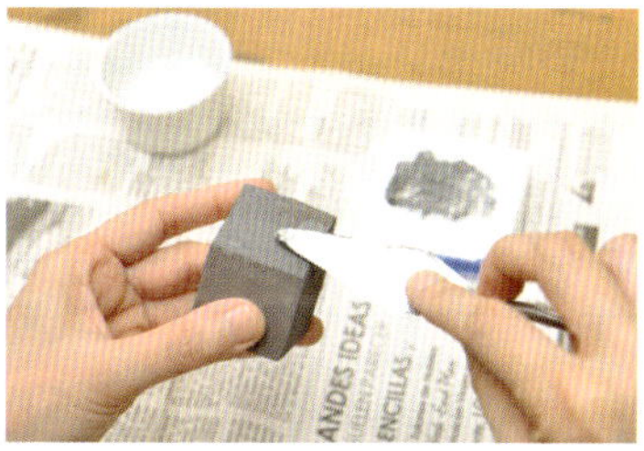

涂上的石粉涂料干后，用小抹子涂上混入防水涂料的灰浆涂料。

为了保护灰浆涂料，再在上面涂上薄薄的一层丙烯颜料。

根据喜好贴上复古纸样或者英文报纸，稍做装饰就完成了。

完成

这样就完成了卡片夹。多做几个用来展示，可爱又温馨。

STYLE 06

久冈健次郎
由香里

以西洋书风格的家具为主题的家具作坊“Un mago”，以两人的创意为基础，久冈健次郎测量尺寸、组装家具，由香里安装金属部件和刷漆。这是两人的家具作坊。他们会在微博“家具魔法Un mago.furniture”上面发布信息。

1 这是家具工作室“Un mago”的外观。它原本是仓库，“由于是在田间的工作室，所以也不会介意噪声什么的，一下子就成为了可以操作的工作室”。
2 这是工作室的展览一角，也在这里为完成的作品进行拍摄。

伴随着小鸟的歌声
开始了忙碌的一天

以久冈健次郎在阳台上做成第一个木工作品为契机，他们开始木工制作。一有空就去帮忙的那个时候的由香里连涂料的涂法都不明白，就常常挨骂。“后来慢慢地发现木工的乐趣，有时也会听到客人的赞美。”随着订单慢慢地增多，他们决定把日渐狭窄的作坊搬到离山里很近的大厂房里，这样就诞生了家具作坊“Un mago”。

早上在小鸟的鸣叫声里开始了一天的工作。晚上回到家里回回短信、刷刷微博，开始晚上的工作。等把这些都完成也就到了深夜。空闲的时候出去买买材料或者带着爱犬“茶衣”散散步。这样的生活很充实。

“原本我们喜欢闲适的生活，现在却过得很充实。来到这里的每一天都那么飞快地在流逝着。”

由香里喜欢古典复古风。她很在意颜料的调配，就像在意翻开西洋书带给人的感觉一样。

让家具带上魔法，用心做好家具

两人做的家具不仅在网上竞拍和在微博中很有人气，现在也被用于广告摄影。虽然很忙，但他们也不批量生产，只是去做答应过客人的家具和自己想要的家具。“虽然技术上仍需要改进，但我更在意家具能否带给人一种温暖的感觉。如果连家具都像拥有了魔法一样能带给人这样一种感觉的话，那么这将是我想要做的家具。”

“Un mago”这个名字同时也是店名，它来自意大利语，是“魔法使者”的意思。久冈夫妇两人对家具倾注了浓郁的感情。

1 卧室里在蓝色背景下摆放着白色的家具用于展示。左侧的陈列架是在某个杂志中获奖的作品，令人追忆连连。
2 电脑室一角。网上作业是由由香里来承担的。“我觉得把作品中包含的韵味传达出去是件很费心的事儿。”网上的很多粉丝都很喜欢她更新的微博。
3 里面涂成天蓝色的白色柜子。打开柜门，扑鼻而来的是别样的气息。

修长雅致板壁框

4

爱犬小窝一角

6

展览一角

5

室内装饰和家具

久冈夫妇住在一个租来的旧房子里。"因为不得不回复原来的模样，不能进行大面积的翻新，就只有一点点的翻新将就着生活"。

4 用展览用的板壁挡住旧的褐色板壁，在板壁上点缀些搁物框架。

5 房间某个角落用作展览一角。"想要把房间全部收拾干净是很难的，在这里尽情地享受快乐。"

6 使用陈旧的厨房后门给爱犬做一小窝。

Welcome to my home

我很喜欢这个作为点睛之笔的古典钥匙

由香里对那些复古钥匙没有抵抗力。她上网、去实体店，有时也去两元店寻找那种质地适中又有存在感的复古钥匙。“随意地装饰上去，或是随意地垂落着，这样氛围就出来了。”

第一部分

向木工百货挑战

拿起锯子开始木工的第一步！
搁板、收纳盒之类的物品既制作简单又能享受其中的快乐。
下面就来介绍一下。

精致可爱的木工百货

**当作礼物也别有一番韵味，
蕴含着浓浓手工情怀的人气作品，
无论多少个你都想拥有。**

花木箱

设计/关口洋子
约182mm(面宽)×126mm(深)×240mm(高)

这个花木箱的制作方法很简单，只需在箱内铺上一层塑料膜再填进去点土，在箱子里种上耐旱的多肉植物（如观音莲、仙人掌等）后就做好了。如果在背板上涂上黑漆写上字就可变为欢迎板。

取材图和制作图…P82

材料

- SPF板（云杉、松木、冷杉三种木材的组合，厚19mm）
  88mm×910mm 1块
  182mm×910mm 1块
- 木螺钉 12颗
  圆钉子 2颗
  圆木棒（直径6mm） 适量
- 砂纸（150号）
- 黑板漆 适量 铭牌 1个
- 皮革带（宽1cm）
- 防水涂料（屋外用，胡桃木色）

切割材料

参照取材图，用矩尺正确量取。

用手或脚紧紧固定木板，锯刃和木板垂直后再均匀用力切割。

备齐部件

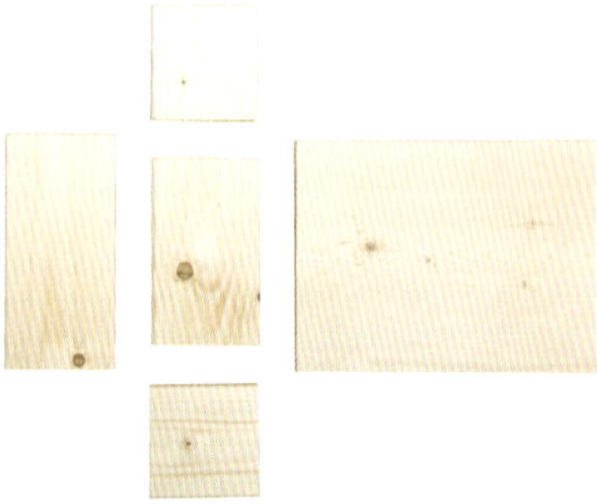

把切好的部件依次排列，检查是否有遗漏。同时，用砂纸把粗糙的切面打磨平。

POINT 试着来组装

把所有的部件凑齐后，我们可以试着组装一下，这样就可以检查各个尺寸是否吻合。

给木板做上记号

为使作业方便，直到你习惯为止都要在安螺钉的地方做上记号。

打木螺钉孔

❶

❷

❸
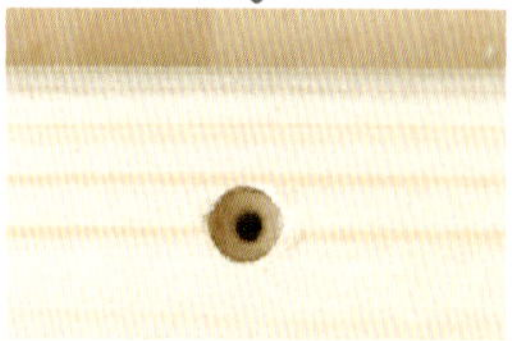

❶用电钻（直径为2mm的钻头）打深层的螺钉孔，并将其打通。❷再以螺钉孔为中心打浅层螺帽孔(使用直径为6mm的钻头)，使其深入至木材厚度的1/3~1/2处。❸打好的孔。

组装

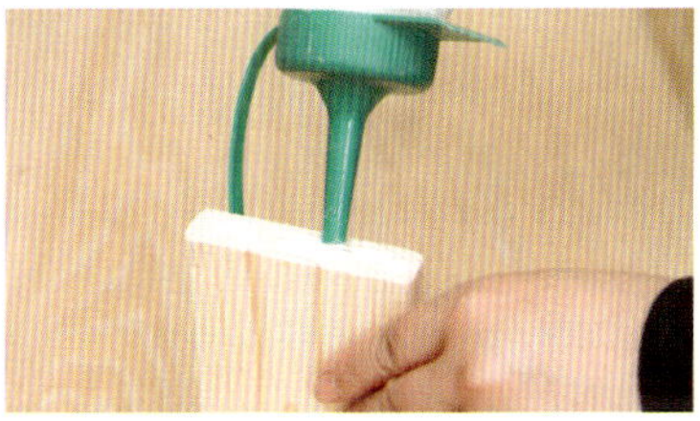

在底板连接面涂木工胶。为防止木工胶溢出，要取适量涂在中间部位，再均匀展开。

侧板就位，在侧板处向底板用螺钉固定。

前板就位，在前板处向底板用螺钉固定。

再固定另一块侧板。

填塞螺钉孔

1

2

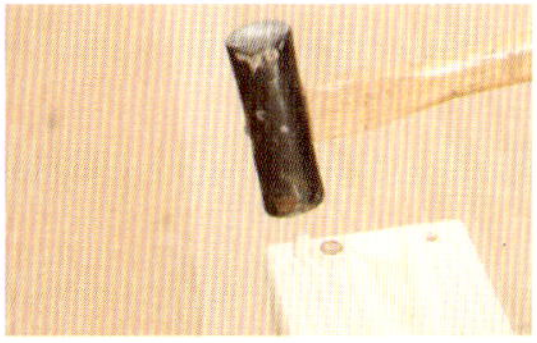

❶将比螺钉孔深的圆木棒蘸上木工胶插入孔中。❷用锤子轻轻敲打，填塞螺钉孔。

3

4

❸多余的部分用锯水平锯掉。❹沿着木板的纹理用砂纸将表面打磨平。

涂漆

用刷子涂上防水涂料（防水性较好，常用于室外的涂料）。

用棉布将多余的涂料擦拭干净。

风干后，在背板上涂两遍黑板漆。

安装背板

在组装好的主体上涂木工胶，把背板紧紧按压在主体上，并用螺钉从后侧固定。因为是后面，所以不用进行螺钉孔的处理，只需用螺钉固定就行。

收尾

用圆钉子把铭牌固定好。

用圆钉子将皮革带固定在背板上部。

完成

花木箱制作完成。其大小除了用作花木箱，还可作为信箱或收纳箱。用颜料在黑板上画画也分外可爱。

十字形搁板

设计/长谷川优子
约285mm(面宽)×55mm(深)×375mm(高)

十字架内侧的一部分是贴着布的，从上往下涂漆，使十字架因光线的变化而产生不同的质感，凸显高雅的氛围。

制作方法…P82

三层收纳盒

设计/关口洋子
约170mm(面宽)×342mm(深)×182mm(高)

大大的圆头装饰钉给淡蓝色的储物架增添了几分稳固。高低变化的设计更有利于放置大小不同的杂物。

制作方法…P83

精致教堂椅

设计/今井经子
约117mm(面宽)×115mm(深)×208mm(高)

极具人气的教堂椅的后背也是经过细致斟酌的，它将会成为展示的主角。

制作方法…P83

灯座的固定也下了功夫

带挂链的观赏灯

设计/今井经子
约115mm(面宽)×115mm(深)×180mm(高)

柔和的灯光从挂链处的缝隙中溢出来，给人以心灵的慰藉。嵌入式的结构又使其更加稳定。

制作方法…P84

GOOD IDEA!

这件作品除了用于照明，还可用作除臭剂和杀虫剂的保护罩。

简易钥匙架

设计/关口洋子
约260mm(面宽)×182mm(深)×336mm(高)

创意十足的挂钩让玄关处零碎的钥匙及贵重物品各就其位，不仅使用方便，而且极具观赏性。

制作方法…P84

刀叉盒

设计/山根一哉
约298mm(面宽)×168mm(深)×174mm(高)

正因为是每天使用的东西，哪怕只是一点点，也想把它收纳得精美可爱。小小的刀叉盒，薄厚相间，分外雅致，又以白色涂料营造小清新。

制作方法…P85

在亲手做的家具上摆满自己喜欢的小玩意儿，就会更加爱不释手吧。在它的大小选取和设计上，我都没少下功夫。

三层架

设计/尾下柚香
约468mm(面宽)×90mm(深)×410mm(高)

只需要搁板、侧板、背板这三种板就可以组装成一个搁架。放也好，挂也好，都是一种享受。而且，用雕刻刀在板角处随意削划，会制造出一种历经岁月的年代感。

取材图和制作图…P85

材料

- SPF板(厚19mm)
  90mm×1820mm 1块
  90mm×910mm 1块
- 南洋桐木板(厚5mm)
  90mm×450mm 3块
- 木螺钉 12颗
  钉子 9颗
- 三角形金属吊环 2个
- 砂纸(80号)
- 着色剂(黑胡桃木色)、蜂蜡(暗褐色)

备齐部件

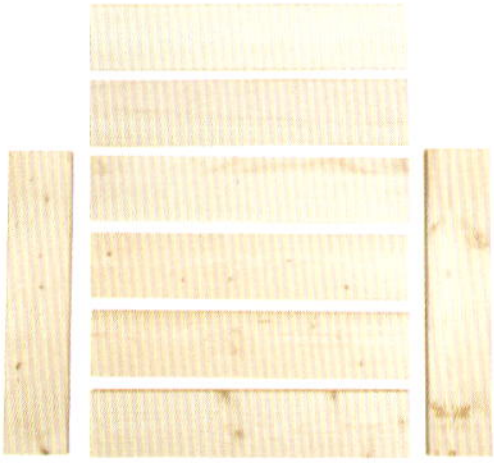

把切好的木板排列起来，不要遗漏任何一块。同时，用砂纸把切面打磨平。

试着组装一下，确认各个木块的尺寸没有差错，并且在需要钉木螺钉的地方做上记号。

用胶固定

在搁板连接面的中央部位涂适量木工胶，防止其溢出。

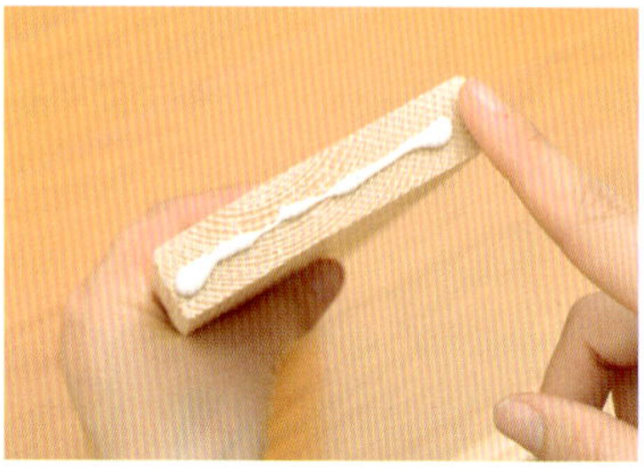

用手指将木工胶抹匀。

将涂有木工胶的搁板与侧板紧紧按压在一起，然后按压另一个侧板。

检查一下侧板与搁板是否垂直，搁板之间是否平行，确认之后再进行作业。

组装(主体)

在侧板处向搁板钉木螺钉。首先用电钻(直径为2mm的钻头)打个小孔。

用木螺钉固定。将电钻钻头与木板垂直放好后，朝着木板用力打压，并将其固定。

安装（背板）

背板部分进行仿古加工，在背板正面的上方用雕刻刀随意地削成一个有棱角的小切面。

在背板与搁板的连接面薄薄地涂上一层木工胶后，紧紧按压背板。

从背板处固定搁板，首先往背板中间钉钉子。

然后在背板的两端向搁板钉钉子固定。紧挨着角落钉钉子的话会让木板产生裂痕，所以要小心。

修整表面

在搁板和侧板的正面进行仿古加工，用雕刻刀随意削划。

POINT 巧妙使用小料效率高

用砂纸裹住小木块就可制成一个简单的打磨器。

在仿古加工后使用砂纸打磨时，若使用上面制成的打磨器，不仅省力，而且在角落处作业也很方便。

组装完成

修整完表面后组装也就完成了。

涂漆

用毛刷沿着木头的纹理涂漆（着色剂）。

不易涂抹的缝隙可以把刷毛插进去涂抹，注意不要漏掉任何一个地方。

等漆完全干透后，可以用棉布涂上一层蜂蜡。

收尾

在三层架的上端安装两个三角形吊环，用电钻（直径为2mm的钻头）打浅浅的孔，再用木螺钉固定。

完成

三层架完工。因为这次是想做一个深棕色的，就没有把多余的涂料擦掉。大家可以根据自己的喜好来调节颜色。

曲线是亮点

时尚壁挂搁板

设计/关口洋子
约622mm（面宽）×134mm(深)×324mm（高）

侧部柔和的曲线尽显其魅力，在用砂纸打磨的地方浸入些油料，就会给人一种旧旧的复古感。

制作方法…P86

钟表置物架

设计/今井经子
约350mm(面宽)×105mm(深)×200mm（高）

欧式钟表与黑色背景相映成趣。它可以摆放在客厅或玄关处，是一个不挑场所的台式置物架。

制作方法…P87

PATTERN 1

用三角吊环把它挂在墙上，并且固定在取放方便的位置，这样就能轻松地收纳厨房里各种零碎的东西了。

挂放自如的

观赏置物架

设计/尾下柚香 约558mm(面宽)×95mm(深)×320mm(高)

制作方法…P88

PATTERN 2

因为这个置物架很窄，不占地方，也可把它摆放在地板上。把置物架的上层背板刷成白色，更能凸显装饰品的存在感。

带挂钩的卡板

设计/长谷川优子
约600mm(面宽)×44mm(深)×90mm(高)

挂孔是其亮点。在电钻打的孔上镶上金属扣眼制成的挂小钩用的孔，使卡板个性十足。

制作方法…P87

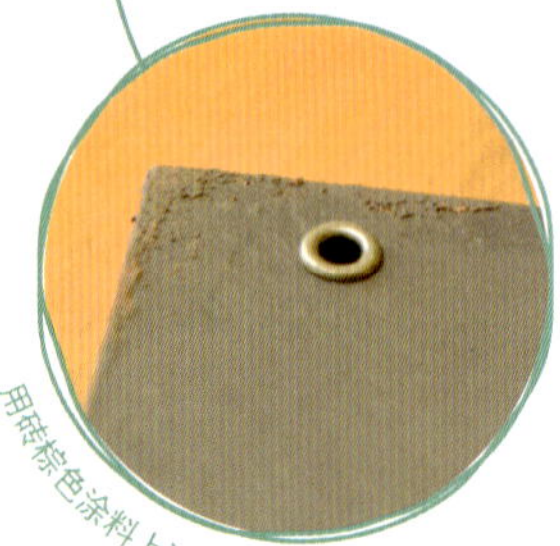

用砖棕色涂料上演斑驳锈感

带钩挂架

设计/尾下柚香
约570mm(面宽)×90mm(深)×159mm(高)

质朴的挂架不分场所和用途，可以随意使用。木材的纹理是其关键，选择好自己喜欢的木纹后再一起制作吧！

制作方法…P88

简易梯

设计/关口洋子

约336mm(面宽)×88mm(深)×753mm(高)

我想做的这个简易梯虽然很大，但制作简单。对于初学者来说，它是我推荐制作的家具之一。

制作方法…P89

在家具上装饰些铁丝、棉布、灰浆等异素材怎么样？当质感和风格改变时，即便是同一种家具，给人的印象也会大不一样。

带壁龛的网板

设计/长谷川优子
约624mm(面宽)×65mm(深)×474mm(高)

我在这个网板上设计了我一直憧憬的壁龛，还涂了灰浆涂料，给人一种自然而又温馨之感。它是由两个完全相同的框架相叠合，并与嵌在框架中间的一张纱网紧紧固定而成的。

取材图和制作图…P90

材料

- 白色松木板（厚24mm）
  30mm×910mm　4块
  30mm×600mm　4块
- 扁柏木板（厚2mm）
  8mm×900mm　3块
  24mm×600mm　2块
- 单板（厚3mm）
  300mm×600mm　1块
- 钉子　14颗
  螺钉　18颗
- 金属吊环　2个
- 纱网（420mm×440mm）
- 直钉枪
- 漆、防水涂料（白色）

备齐部件

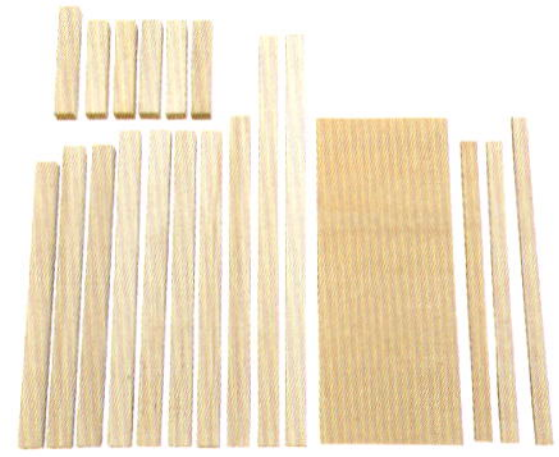

把裁好的木板依次排列，不要遗漏任何一块。因为木板数量比较多，一定要注意不要有遗漏。

不光是把裁好的木板摆放在一起，还要试着组装一下，看看木板的尺寸是否有错误。

用木工胶固定

首先组装表层框架。先在木板连接面上涂木工胶，把木工胶挤到连接面上后用小竹签均匀抹开。

用直钉枪固定

等木工胶稍干后，在内侧（纱网嵌入的部分）用直钉枪紧紧按压固定。

涂漆

在框架的内侧（纱网嵌入的部分）涂上薄薄的一层漆。

这是涂好漆后的样子。框架的内侧要是全部组装完后再涂漆的话是很难涂的，所以这时涂抹刚好。

制作里层框架

接下来便是制作里层框架。尤其是壁龛的部分，在做的时候一定要注意不要与表层框架发生错位。

安装纱网

在表层框架的内侧用直钉枪紧紧将纱网固定，然后在网周围和壁龛处粘上加强板固定。

合并外层与内层框架

在框架内侧涂上木工胶，紧紧按压表层与里层框架，不要使它们发生错位。之后，在框架内侧连同网角一起用螺钉固定。

安装背板

1

2

安装壁龛后的背板。在里层框架处涂上薄薄的一层木工胶后，背板就位，并紧紧按压背板。

3

4

5

在背板处朝框架用钉子固定。周围的框架也要和壁龛一样安装上背板。

涂漆

漆

将漆均匀涂抹，纱网嵌入的接缝处和缝隙也要认真涂抹。

涂装完毕。放在报纸上晾干。

防水涂料

等漆完全干透后，再涂上一层防水涂料，它不仅能使木板色调匀称，还能起到保护漆的作用。

纱网上也要涂上防水涂料，用笔认真涂抹纱网的两侧，不要遗漏任何地方。

收尾

在框架内侧上方安装两个吊环。用电钻钻小孔后，再用螺丝刀把木螺钉拧紧固定。

完成

带壁龛的网板就这样完成了。因为它体积比较大，摆放在地上时为了防止翻倒，用吊环固定在墙上会比较放心。

金属丝框架

设计/长谷川优子
约560mm(面宽)×31mm（深）×440mm（高）

用金属丝组成的格子式框架，喷漆后蕴含浓浓的艺术风情。就那样随意地夹上几张明信片也显得格外洋气。

制作方法…P89

带窗搁物架

设计/长谷川优子
约280mm(面宽)×172mm(深)×430mm（高）

田字窗式的设计精巧别致，上面镶嵌着的防尘树脂板更增加了其实用性。

制作方法…P91

GOOD IDEA!

可以将树脂板窗和喷漆木板窗随意镶嵌在小格子上。

百变创意桌柜

设计/山根一哉
约518mm(面宽)×47mm（深）×400mm（高）

格子的大小随意搭配。这是一个可以随心自由组合制作的桌柜，收纳功能很强大，摆设展示成为风景。

制作方法…P92

带窗搁板

设计/山根一哉
约718mm(面宽)×92mm(深)×486mm(高)

带窗、观赏用的搁板，如果在背板上贴上自己喜欢的亚麻布，便立刻变身成为原创家具。

制作方法…P93

别担心！

木工基础来帮你 ABC

“很想玩木工，
可是完全是个外行，不知要从哪里开始好……”
为了解答此类疑问而编写了基础技巧篇。
这部分也加入了网络上的小妙招，
是木工初学者必看的内容。

木工问与答

如何选择工具、小零件，如何涂漆，这里汇集了木工初学者的种种疑问以及相应的解决方法和建议。

木工导师

Joyful Honda 生活用品广场
工具顾问
及川崇先生

进行木工作业时，要戴上避免吸入粉尘的防护面具，有条件的话最好也戴上防护眼镜。使用工具时，要认真阅读使用说明，然后再进行作业，以免因使用不当而受伤。但也不要把木工制作想得很难，尽情享受它吧！

木工
问与答

问 开始木工制作所必需的工具是什么？

答 如果是抱着试试看的态度，刚开始先别买电动工具，尽可能地使用家庭工具箱里的工具就好。等做上两三件家具后再决定要不要买，不过只要有以下工具就不成问题（作品不同，所使用的工具有的也会不一样）。

锤子

可以选择两头都能敲打的双头锤，也可以选择一头能起钉的羊角锤。先使用锤面平整的一头轻轻地敲打钉子，等进去差不多时再使用圆面的一头将钉子打入深处。

锥子

是在把螺钉和钉子打进木材前，给木材开小口时使用的工具。有了这个小口，螺钉和钉子就不会被打弯，还有防止木材断裂的作用。一般常用的是四方钻。

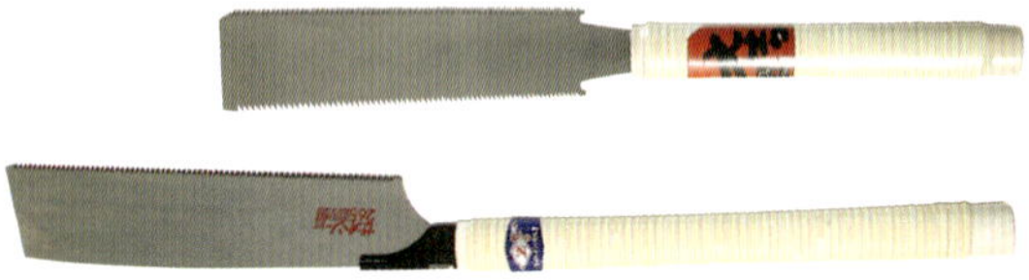

手锯

可以根据木材的纹理选择手锯，但我建议选用万能型的，最好是选择可以更换锯刃的，这样当手锯不锋利时还可以有替换的。使用时先固定好木材再锯，锯的时候不要直接在手锯上用力，而要一边拉一边用力。

螺丝刀

使用前要先确认螺帽和螺丝刀头的大小是否吻合。选择螺丝刀时，最好选用把手较大的，不仅拿着方便，也容易用力。

\ 一定要配备 /

推荐的电动工具

有了这些电动工具，不仅效率显著提高，作业时间也大幅缩短，有一种更亲近木工的感觉。

台式线锯

在众多的电动工具中，台式线锯是一个作业声相对较小、木屑也相对较少、适合女性使用的工具。因为它很擅长钻孔和切割曲线，在民间木工制作时，我推荐使用它。其锯刃很细，不慌不忙切割时也能漂亮地完成。

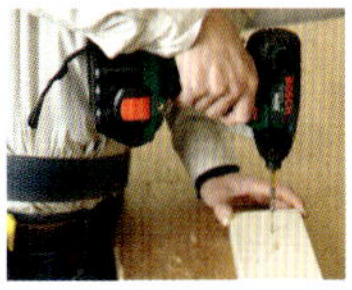

钢丝锯

它是一个相当受木工初学者欢迎的电动工具。与台式线锯相比，它不仅可以切割稍厚的木材，还能把木材切割成曲线形或者直线形。从其手拿式的快捷性来看，切割时用手紧紧固定，不要让木材随意移动，从正上方跟随标记切割，会完成得很漂亮。

电钻

它可以用来钻螺钉孔、螺帽孔，固定螺钉，而做这些，只需要更换钻头即可，非常好用，有条件的话可以早点配备。注意保持钻口的垂直，从正上方对准木材紧紧挤压。

打磨机

与砂纸相比，它可以打磨得更快，让完成质量和效果更上一个台阶。使用时只需要轻轻地往前打磨就行。

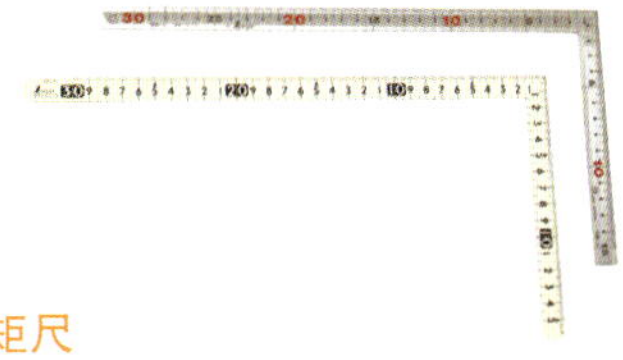

矩尺

它不仅用来画线，在量直角和检查垂直时也能派上用场。基本上都是左手拿起长的一方，把短的一方放在右侧来使用。

弓形夹

涂完木工胶按压木板时，使用弓形夹可以很好地将木板固定。因为它的种类繁多，做的东西不同，因此先确定好做什么，再去买你所需要的型号。

问 钉子、螺钉、木螺钉有什么不同?

答 钉子和螺钉各式各样，我们先来记住这五种吧。在选择螺钉时参照的大致标准是：选择的木螺钉应是板厚的2倍，钉子应是板厚的2.5~3倍。

来看一下各类钉子打进去的效果图吧。

从上到下依次为螺钉、暗钉、DIY螺钉、防板裂螺钉、木螺钉。

螺钉

朝着钉头方向有螺旋槽，它的强度近乎普通钉子的2倍，在固定家具背板时经常使用。

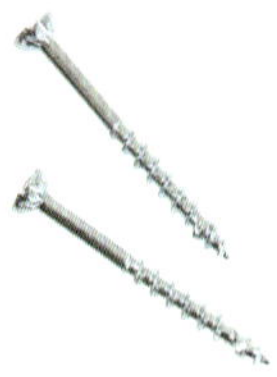

暗钉

钉完后因为去除了钉头，所以木头的表面看不到钉头。但它的固定强度很差，多用于小型杂货。

DIY螺钉

多用于固定脚轮和L形金属器具，大的钉头加强了它的固定性。

防板裂螺钉

根据钉头形状的不同，在木螺钉中也有不易引起板裂的类型。因为它的钉头很小，很适合用作定缝销钉。

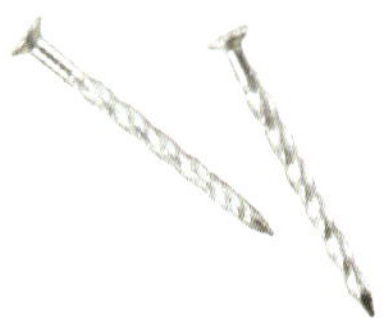

木螺钉

在制作大型家具和每天都使用的作品时，固定的部分选用能够紧紧固定的木螺钉。可以先打小孔再固定，以防止木材裂开。

问 砂纸的选择方法是什么?

答 是削角后的打磨还是上漆前的打磨，让我们根据用途来选择砂纸吧！砂纸上标记的数字越小，砂纸越粗糙；数字越大，砂纸越细。根据木材的柔软度不同，做出的效果也是不同的，但一般情况下，磨角时使用80~120号的砂纸，作品的扫尾使用150~240号的砂纸。

HINT!

巧妙利用小料

用砂纸裹着小木块进行打磨时，不仅力度均匀，而且使用方便。

问 木材种类多得分不清……

答 因为是自己家用的，所以根据木材的价格、加工的简捷性、木纹等因素来选择木材也没关系。下面，我来介绍四种易加工的木材。

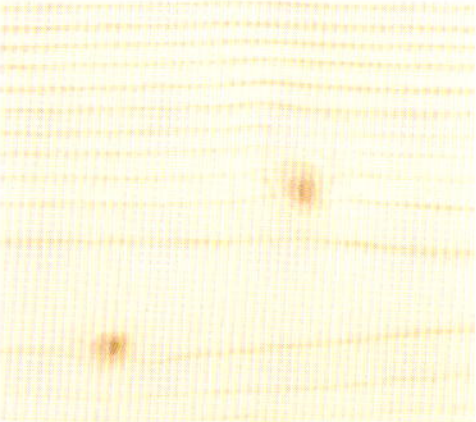

SPF木材

木材纹路细微笔直，是一种价格便宜的建筑材料。因为木材为白色，棱角处也被处理过，所以对于木工初学者来说是很容易操作的木材。

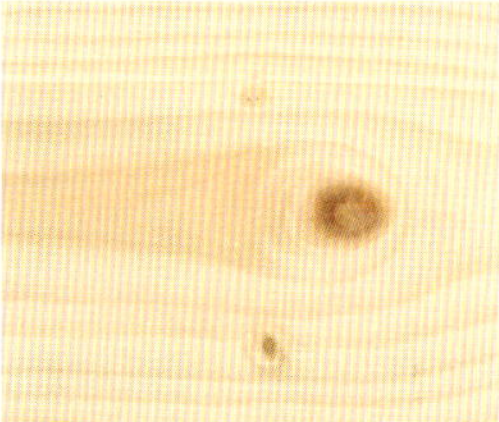

松木材

材质轻柔易加工，喜欢松木木纹和节眼的人也不在少数。也因为它会随着时间的流逝而变成美丽的米黄色而被人所熟知。

杉木材

因为它的纹理粗糙而备受那些喜欢用废旧品制作家具的人青睐。也有人喜欢它这样的特性，即容易出现裂痕和产生翘曲现象。

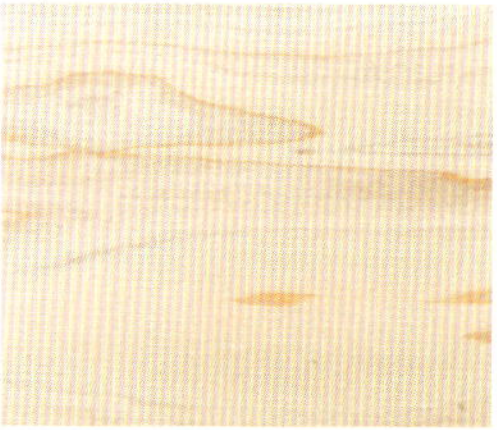

扁柏木材

它防水性好而且极其坚韧，自古以来就是非常贵重的建筑木材。又因为它很耐用，特别适合制作大型家具。

HINT!

选择木材时要留心的几个地方

即使是吸湿性和质量很好的木材，也会产生歪斜和翘曲。不要讨厌木材的这些性质，去适应它们吧！

歪斜、起翘

将木材叠放起来，便可检查木材是否出现歪斜和起翘。要是歪斜和起翘过于严重的话，组装好的家具也会不稳固。

节疤

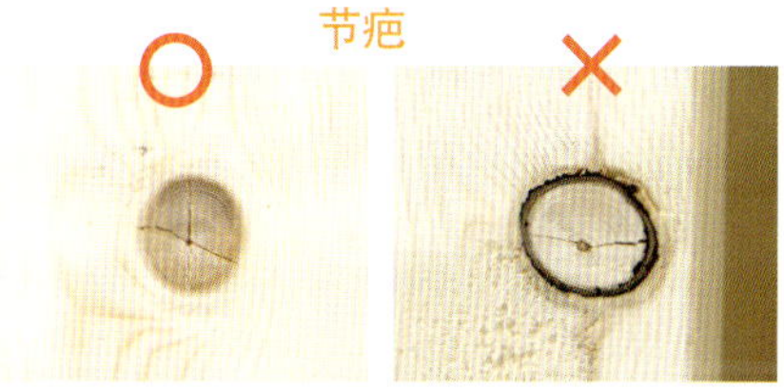

节疤是木材的重点，购买之前先确认好是活节疤（左）还是死节疤（右）。因为死节疤边际和周围组织脱离，随着时间的流逝可能会使木板断裂。

开裂

有的木板会因为干燥而开裂。开裂的地方可能会在木工作业时裂开得更大，所以买之前一定要留心。

问 使用什么样的涂料呢？

答 涂料大体上分为两种：一种是能遮盖木纹的涂料，另一种是使木纹凸显的涂料。遮盖木纹时使用防水涂料，凸显木纹时使用防水染色剂或者是油性染色剂。

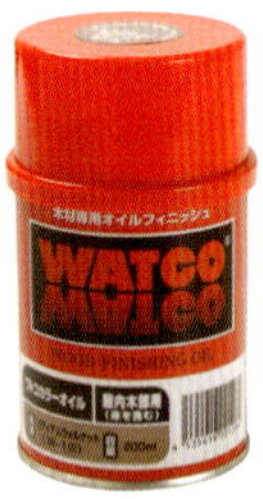

油性染色剂

它是一种着色性较强，能够使木材显得雅致细腻的油性染色剂。同时，它还有防止木材反拱和产生裂痕的作用。

防水涂料

防水涂料光泽度好，种类繁多，产生的效果也不尽相同。可以挑选自己喜欢的颜料。最近，使用方便的袋装型涂料也相当受欢迎。

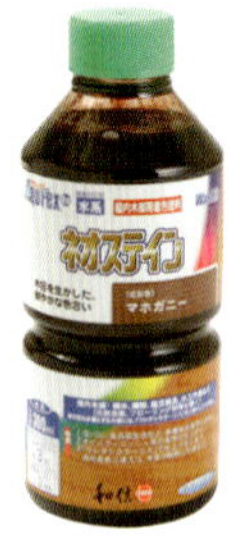

防水染色剂

与油性染色剂相比，防水染色剂很容易干。在进行仿古加工或者家具需要刷两遍漆时，我建议选用防水染色剂。

泥浆涂料

在家具的翻新和改造上，用得最多的就是泥浆涂料了。也有可以直接涂在墙上的。毛刷、抹子，使用不同的工具就能够得到不同的感觉。

涂抹工具

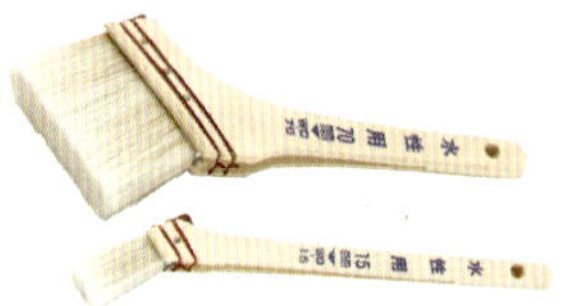

毛刷

涂抹防水涂料的基本工具。有防水用毛刷和油性用毛刷两种，请根据用途选择合适的。

海绵抹子

不喜欢毛刷的人可以使用海绵抹子。与毛刷相比，它不仅能够轻松涂抹各个角落，而且还能涂抹得又薄又均匀。

棉布

在涂染色剂时，用棉布（不需要的布料上的一小块）蘸上染色剂涂抹。因为有的染色剂有自燃的危险，所以用完之后一定要记得将它浸过水后再扔。

HINT!

向仿古加工挑战!

多试几次之后就可以凭自己的感觉进行仿古加工了。所以试着用不同的颜色和方法来挑战一下吧!

最近很流行的仿古加工也有形形色色的方法。在此,我先介绍两种最基本的。涂抹时,不仅可以将两种不同颜色的涂料叠合涂抹,也可以在底层涂染色剂,表层涂防水涂料。这样就能产生旧旧的复古感。

在涂料还未完全干透之前,用砂纸打磨,也很容易出现复古感。大家试着去做出自己喜欢的感觉吧。

1

涂底层涂料。

2

等底层涂料干了之后再用其他颜料覆盖。

3

再拿砂纸用不同力度打磨木板,使涂料脱落。

4

仿古加工完成。

在仿古加工中使用方便的物品

砂纸

想要得到一种涂料褪色的感觉时,可以使用砂纸打磨,也可以磨掉家具的一角或边缘部分,这样就会出现家具用旧后的复古感。

锥子、螺钉

用它们钻一个像被虫子拱过的小孔,或者划几道像被猫爪子划过的痕迹,这样就更能营造年代的沉淀感。

锤子

用小锤子把家具边缘弄破,或者使木板表面部分凹陷。但是要注意,不要用力过度,否则木板会产生裂痕。

剑山

用剑山顺着木材的纹理摩擦,相对较软的木材就会被削去,木纹也会变得明显,就像是年份久远的古木一般。

拥有基本小部件，木工制作也方便

诸如合页、门闩、挂钩等物件，不仅能够提高作品的实用性，而且其精美的设计还能明显提升作品的档次，是非常实用的。这些物件有大有小，要根据作品的大小选择合适的物件。这些物件的安装基本上都是在上色完毕后进行的。

合页

从不起眼的合页到复古风格的合页，其类型大小也是多种多样的。固定的位置也是设计的一部分，固定前要先比对一下，看看是否和整体相搭配。

门闩

如果中小型家具的柜门所使用的木材的伸缩性和歪斜度很小，可以在柜门内侧安装一个门闩。也有使用磁铁或者利用弹性金属或塑料做的门闩。

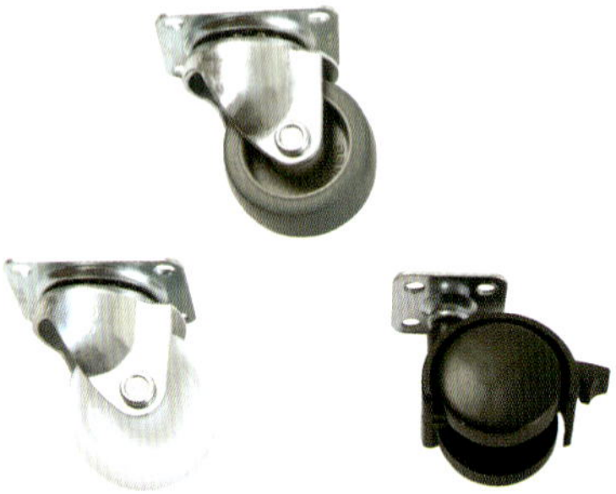

脚轮

为了能让脚轮自由移动，载物重量应限制在脚轮承重的1/4以内。有定向移动式脚轮和自由移动式脚轮。还有的脚轮上带制动装置，可以根据需要自由选择。

挂钩

在众多的家具部件中，挂钩可以起到画龙点睛的作用。挂钩种类繁多，有简单复古风格的，也有极富设计感的，我们可以尽情选购。

拉手、把手

拉手分为木螺钉式拉手和贯通式拉手两种。如果抽屉是收纳重物用的，我推荐使用贯通式的。但是要注意，有时因为木材太厚，也有不能使用贯通式的情况。

铭牌类

因为铭牌或展示牌很容易使作品熠熠生辉，所以它在百货商店的销量也增多了。为了使固定它的螺钉及螺帽不那么明显，可以在上面刷上涂料遮盖。

HINT!

抗震小件

辛辛苦苦制作的家具要是在地震中摔坏了岂不是很可惜。在此，及川老师搜集了他所推荐的几种防震效果很好的抗震小件。

稳固保护垫

采用新型材料，其柔软性不仅能很好地降低地震引起的振动冲击，还能有效地起到防摔、减震、防错位的作用。掀掉也不会留下痕迹，还能用水清洗后重复使用。

橱柜止动器

只需把它安装在家具前面两端，使家具重心向后倾斜，在地震时就能起到防摔和防滑的效果。它是一个适用于中小型家具的防震止动器。

完美电子锁

地震时可以自动感受地面的晃动，并紧锁柜门。地面不再摇晃时便自动解锁，柜门就可以任意开关了。因为它安装在柜子上面，所以不会妨碍柜门的开合，用起来十分方便。

L形固定式不动王

对于搁板、柜子等大型家具，我极力推荐这一款防摔产品。因为它是黏着式的，在不破坏壁纸及家具的同时，又能固定得十分牢固，无论家具如何摇摆，都能起到很好的固定作用。它是一个抗震度7度的强大防震产品。

木工用语集

在本书中出现的主要木工用语，不懂的可以在此确认。

常用语

隐藏处理

为了隐藏大的螺帽而进行的处理。用电钻钻一个比螺帽大的，深度是木板厚度1/3~1/2的螺帽孔，然后把螺钉固定在里面，最后用和螺帽孔一样大小的圆木棒填塞起来，隐藏螺帽孔。

钻孔

在家具上钻圆形或者心形孔的技术也是家具设计中不可缺少的。用电钻把想要钻空的地方打通，然后用台式线锯或者钢丝锯切割。

扭住、钉住

组装家具时使用的语言。用木螺钉固定木板叫作“扭住”，用钉子固定叫作“钉住”。

紧紧按压

用木工胶粘接两个部分时使用的语言。如果木板间有未涂到胶的部分，木板就不能很好地粘接，所以，在粘接时应该将两块木板紧紧按压，在按压时若使用弓形夹（参照P51）效果显著。

磨角

磨角是指将木材的角修整光滑。可以使用砂纸或者打磨机来修整。

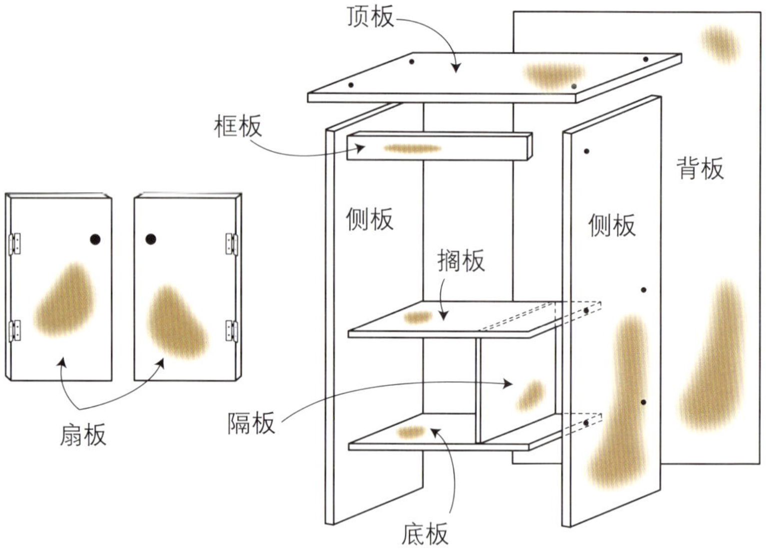

组成部分的名称

顶板

家具最上面的板。

背板

相当于家具的背。如果收纳的东西很重的话，就要用较厚的背板。

侧板

家具侧面的板。因为它是家具的顶梁柱，所以一定要注意它与顶板及底板是否垂直。

扇板

因为它是家具最显眼的部分，所以一定要注意选择好木材的纹理。

搁板

安装在家具内侧放东西用的板。

底板

又名地板，即家具最下面的板。

框板

又名边框板，起着防止家具歪斜或轻松关合抽屉的作用。

隔板

把搁板竖着隔开的板。

※除此之外，还有脚板、装饰板、加强板（为增加家具稳固性而使用的板）等。

困惑时的建议 求助！

明明是按尺寸做的，可作品还是不稳定。

由于是使用纯木材制作的东西，所以不可能完全避免由于木板的歪斜和反拱引起的不稳定。用砂纸或打磨机磨掉不稳定的部分，再稍做调整就可以了。一边调整一边制作，这样的过程也是木工的乐趣所在。

木工胶从连接面溢出来了！

溢出的木工胶干之前如果不及时擦掉，就会在油漆上形成一块小斑。此时，快速用拧干的抹布擦掉就行。如果不能很快擦掉，就用砂粒细小的砂纸打磨掉，然后再涂上涂料。

想在墙壁上装饰一个搁板，钉子不好用时该怎么办？

首先，制作架子的材料要使用厚且轻的木板。使用石膏板专用的强力大头针也能做出一个搁板，但我还是希望大家可以试一下这样的方法，就是把墙壁的一部分改造成板壁，再钉上钉子来做。

如果木材表面出现了瑕疵还能否复原？

如果瑕疵不太明显，或者凹陷部分不太深的话，用温水或熨斗的蒸汽熏一下，木材的纤维膨胀，瑕疵就会恢复。或者用砂纸打磨整个木材表面，瑕疵就会变得不明显。无论怎样也恢复不了的时候，就把这一块板当作搁板或背板等不突出的板来使用就好。

用锯子锯断的切面不平整。

即使使用专业的锯子或台式线锯，也很难将木板锯得很平整。所以希望大家不要太在意，别忘了还可以用砂纸进行打磨修整。如果还是很担心，可以到家庭用品商店买一个可以帮助你锯得很平整的引导装置。

导购员

Joyful Honda生活用品广场资料馆顾问
中山昌树

如今，家用品商店是一个可以让家庭成员一起愉快地度过一整天的场所。从室内装饰到木工、杂货甚至用餐，都能尽情在此享受！当然，如果你有什么问题，请随时咨询。

木工女性的可靠伙伴！

有效利用家用品商店的方法

在家用品商店，女性经常会出现这种困惑："种类太多了，不知道买什么好""工具区尽是一些专业的男性用具，不知该怎么办"。但是，最近家用品商店都是既宽敞又明亮的，而且为初学者及女性顾客提供了很多贴心的服务。

在此，我们请家用品商店Joyful Honda生活用品广场资料馆顾问带领我们，参观一下最新的家用品商店。

有效利用家用品商店的三个要点

❶ 可以用自己的双手来认识实物

经常出现这样的情况：明明是仔细阅读过网络上、商品目录上的说明之后才购买的商品，却和想象中的不太一样，如木材的质感、纹理，实际操作时工具的重量、好用程度等。经过比较来认识实物，正是家用品商店的魅力所在。

❷ 可以与专业顾问交流

家用品商店的工作人员对商品都十分了解，有任何问题都可以随时向他们咨询。而且，各种商品的专业顾问还会不定期开展实际演示或交流会，需要大家多留心关注。

❸ 有很多很有帮助的服务

应该关注的是面向女性顾客和初学者的服务。如果担心电动工具产生的噪声问题的话，可以选择使用切割加工服务和借用工作室服务。

商店数据

Joyful Honda生活用品广场千代田店

http://www.joyfulhonda.com/

占地面积约为2.9个东京巨蛋体育场的超大型家用品商店内，从DIY用品、日用品、材料到室外设施、花卉商店，备货品种十分丰富。有一些从国外直接进口的杂货和室内装饰用品等，都在低价销售中。营业时间及休息日都刊登在网站主页上。

木材区

从针叶树木材到阔叶树木材，不仅种类繁多，而且从定额商品中有用的边角料到可以作为建筑材料使用的4～5m长的木材，应有尽有。

涂料区

涂料的样品同样丰富

对身体无害的自然涂料，室外用的防虫、防腐涂料等，都要综合考虑涂料的颜色、味道、用途后再去挑选。与涂料配套的刷子及稀释液也很丰富。

有任何问题尽管提问

向导购咨询，不仅能够得到一些建议，同时也可以获得有用的信息。

工具区

在工具体验区动手试一下吧！

对于初学者来说难度较高的工具区、常设的体验区都随处可见，大家可以随心所欲地体验。建议大家在浏览作品页面的同时，也不要忘了与导购交流。

五金区

钉子、木螺钉、螺栓等五金商品，根据原料、长度、形状的不同分为多类陈列在货架上，便于大家选购。根据物品的不同，也有一件起售的。对于喜欢的商品，也可以尝试一点一点地购买。

寻找独特的零部件

在家用品商店里，DIY也变得更加有趣。进口零件和漂亮的五金制品在日益增多。在这里，你能淘到很多像这样的零部件。怀着淘宝一样的心情，寻找关乎家具能否顺利做成的零部件，也是家用品商店里独有的乐趣。

在园艺商店里，能够使用的零件也有很多。

在支物架上只需放一块干净的木板，就能做成一个漂亮的展示台。

支物架

挂钩类

把手、拉手

铁皮挂牌

尝试一下各种服务

切割、钻孔加工

根据木板的厚度和大小，利用切割加工服务也是不错的选择。不仅可以直线切割，也可以钻孔和曲线切割（注意，零碎的部件除外）。

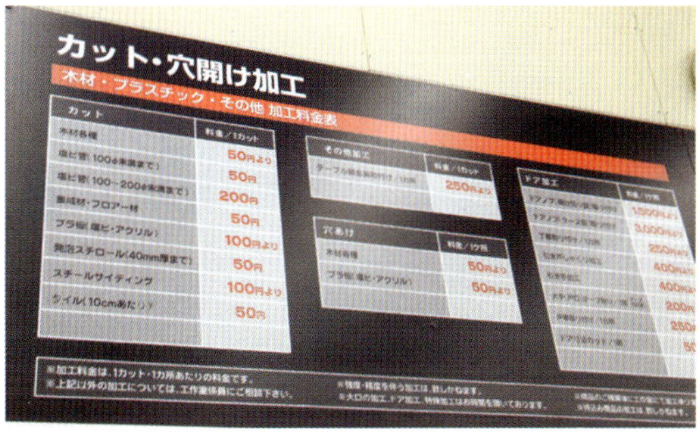

工具出租

以合适的价格可以租用各种工具及器械的专柜出租服务，如电钻、电动螺丝刀、钢丝锯、打磨机、电动圆盘锯及链锯等。也可以在购买前试用。

工作室

有许多人因噪声和木粉木屑的处理问题而找不到合适的作业场地，我们为正为此而感到困扰的人推荐工作室出租服务。在工作室内，你可以付费使用指定的电动工具。

其他服务

- **配送服务**

  你无法装车的木材和一人难以搬运的重型电动工具等，都可以付费为你送往指定地区。

- **调制油漆服务**

  已停产的涂料或是你喜欢的以恰当比例混合而成的颜料，如果有样品的话，可以重现一模一样的色彩。

河南科学技术出版社
精品图书推荐

更多精彩图书请登录：
http://www.hnstp.cn

定价：28.00 元

定价：25.00 元

定价：29.80 元

定价：98.00 元

定价：26.00 元

定价：29.00 元

定价：28.00 元

定价：28.00 元

定价：32.80 元

第二部分

向点缀室内的稍大型家具挑战

如果你已经熟悉木工制作和家具组装，
那么就让我们更上一层楼吧！
这些既实用又富有创意的家具，
是带给我们快乐的忠实伙伴。

外观可爱，罗列清晰，
能够双重享受的收纳家具，
是一个无论如何都想要拥有的
人气作品。

带柜门的储藏柜

设计/山根一哉
约446mm(面宽)×171mm(深)×387mm(高)

干净整洁的储藏柜与厨房的餐桌极其匹配，柜门和背板部分也采用竹帘式排列，通风性良好。在大蒜、洋葱等蔬菜的储藏上也能大显身手。

取材图和制作图…P95

材料

- 扁柏木板(厚9mm)
  150mm×1820mm　2块
  30mm×1820mm　2块
- 扁柏木板(厚6mm)
  24mm×1820mm　2块
- 钉子(25mm)　60颗
  钉子(13mm)　29颗
- 合页　4个
- 金属扣　1个
- 蜂蜡

备齐物件

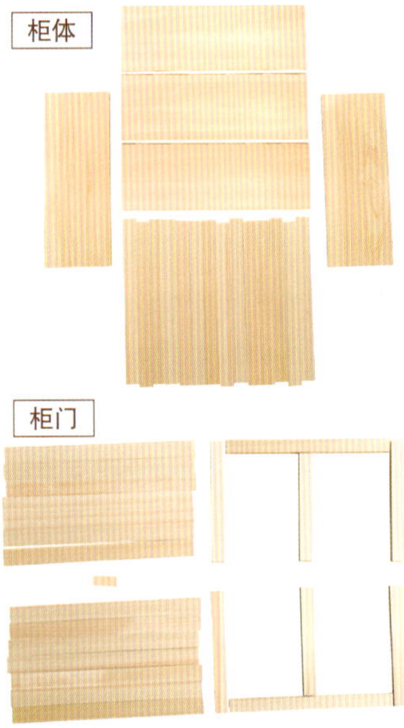

将裁好的木板排列整齐，并检查各个木板的尺寸是否吻合，是否有遗漏。因为物件过多，为方便检查，可以把它们分为柜体部分和柜门部分。最后再用砂纸将粗糙的切面打磨光滑。

组装柜体

首先组装顶板和侧板，用电钻(直径为1mm的钻头)在侧板上钻通钉孔。

涂上薄薄的一层木工胶，将顶板与侧板紧紧按压。

将侧板和顶板用钉子固定好后，再用锤子敲打加固。

这是钉好后的样子。

POINT 检查垂度

固定搁板时，不要忘了用直尺(矩尺)检查搁板与侧板是否垂直。

用铁尺决定侧板上向搁板钉钉子的位置。

在侧板上用钉子向搁板固定。

这是把底板也安装上的样子。

试着组装背板，组装时要注意使各个板的间距相等。

在背板连接面上涂木工胶。将背板等间距放好后用钉子（长25mm）固定。

背板与底板固定好后再固定搁板。

组装柜门

首先组装柜门边缘的柜架（左右的柜门板和上下的柜门加强板）。在四个角的连接面上涂木工胶，用钉子（长13mm）固定。

把剩下的柜门板涂上木工胶后等间距放上去，再用钉子朝加强板方向固定。

等柜门板全部组装完成后，依次在纵向加强板、中央加强板上涂抹木工胶并紧紧按压。

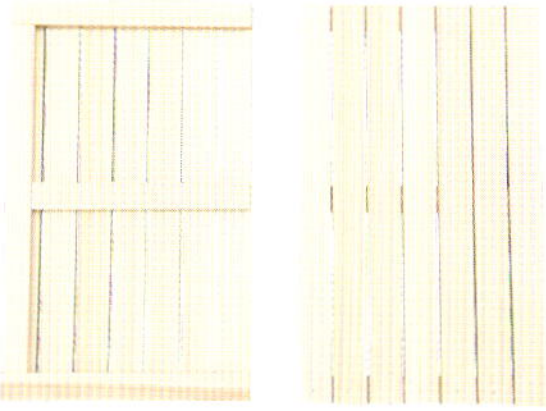

柜门组装完成后的效果图。
左图是里侧，右图是外侧。

试着把柜门放在柜体上，确认一下柜门上的中央加强板能否与搁板接触。

收尾

用合页将柜体与柜门固定。选恰当的位置后在柜门上打浅孔，用螺钉固定。柜体上也进行同样的操作。

在左侧柜门的中间部分（里侧安有加强板的地方）固定一个门档，在门档上用电钻（直径为2mm的钻头）钻小孔，并用钉子（长13mm）固定。

在左侧柜门的底部固定一个金属扣，使柜门能够更好地锁上。

完成

带柜门的储藏柜完工。为了更好地说明这个家具的做法，就把柜门直接安装上了。如果想要涂漆，在安装柜门前会比较好涂抹。

杂志搁物架

设计/久冈健次郎
约330mm(面宽)×195mm(深)×990mm(高)

侧板添加的曲线元素凸显了其柔和度。这种细长的杂志搁物架作为观赏家具是很受欢迎的，其中吸引人的是它前面涂着的数字号码。

制作方法…P94

细长储物柜

设计/久冈健次郎
约195mm(面宽)×200mm(深)×515mm(高)

三种储物柜尺寸完全相同。只需要稍微改变颜色和拉手上的金属零件，就会出现很多不同的组合，让你百搭不厌。

制作方法…P93

立伞架

设计/今井经子
约530mm(面宽)×200mm(深)×1089mm(高)

放在门口或其他地方的细长伞架，虽简单却很可靠，即便挂上全家人的伞也还有余地。

制作方法…P96

PATTERN 1

只需要移动小盒子，就可以组合成不同的样式，同时也改变了使用方法。

可爱的手工配件可以放在可见收纳盒里，零碎的配件放在小抽屉里。

使用方法多变的百变橱柜

设计/长谷川优子

约900mm(面宽)×125mm(深)×600mm(高)

制作方法…P97

PATTERN 2

用作厨具收纳柜，其最大的优点是它的方便性。根据位置大小，分别放上杯子、亚麻布或水壶，其收纳能力令人惊讶。

**最后是室内装饰主打家具的制作。
把心仪的家具做成自己喜欢的尺寸，
是木工制作的一大乐趣。**

多功能储物柜

设计/久冈健次郎
约360mm(面宽)×235mm（深）×819mm（高）

咖啡色和白色交相辉映的储物柜，安装有大小不一的可爱门扇。

取材图和制作图…P98

材料

- 杉木板（厚19mm）
  235mm×1820mm　4块
- 木螺钉（40mm）　34颗
  背板用木螺钉（25mm）　20颗
- 砂纸（120号）
- 合页　8个
  把手　2个
  金属扣　2个
- 防水涂料（深棕色、白色）

备齐物件

柜体

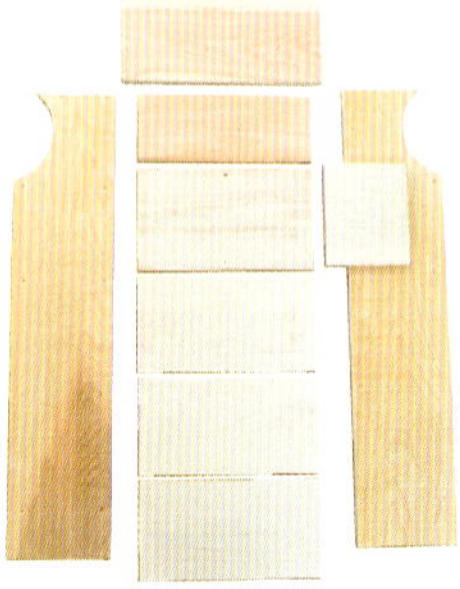

背板、扇板

将裁好的木板排列整齐，并检查是否有遗漏和木板的尺寸是否吻合。然后将粗糙的切面打磨光滑。

喷漆

组装完成后再涂抹柜体内侧会很困难，可以事先涂好防水涂料。

组装

为了固定搁板A和隔板，先用电钻（直径为2mm的钻头）在隔板上钻通螺钉孔（部件名称参照制作图）。

将涂有木工胶的隔板与搁板A紧紧按压，并在搁板A上用螺钉固定。

再用同样的方法固定搁板B。要注意的是，因为在前侧需要安装框板，所以应向后空出和框板高度一样的距离。

组装侧板和搁板

在侧板处用木螺钉向顶板B固定。

在固定另一块侧板时，把底板紧紧地插入两侧板之间会更容易使两侧板平行。

用矩尺确认垂直的时候，把刚做好的搁板与侧板固定。

一手固定柜体，另一手拿着电钻与木板保持垂直，按压螺钉固定。

在侧板处用木螺钉向第三块搁板固定。

最后用木螺钉固定侧板与底板。

组装框板

在搁板前侧安装框板。首先在搁板连接面涂上木工胶，再把框板紧紧地按压上去。

在侧板处朝框板用木螺钉固定。

同样，底板处的装饰板也要用木螺钉固定。

组装背板

在柜体里侧用木螺钉固定背板。

POINT 要让木螺钉错开来钉

在用螺钉固定背板时，要确认与固定侧板和搁板的钉子完全错开之后再钉。

在背板的里侧朝各个搁板用木螺钉固定。

再用木螺钉固定另一块背板。

背板固定完成后的效果。

组装顶板

在顶板B的上方固定顶板A。用木工胶涂抹顶板B的连接面后再紧紧地按压顶板A。

在顶板A上用木螺钉固定。

涂抹涂料

用白色防水涂料将柜体全部涂白，为了涂抹方便，可以从难涂的底侧开始。

涂料风干后，用砂纸摩擦柜体表面进行仿古加工。

在侧板、顶板和框板上再涂一层深棕色的防水涂料，然后进行仿古加工并风干。

安装金属零件

合页

使用矩尺，为合页选择一个合适的位置并做上标记。

为了使柜门开合自如，可以把合页的安装部位用砂纸打磨平整。

先在柜门板上固定合页。

再在柜体上固定。把上面两个小柜子的合页固定在搁板上。

金属扣

固定金属扣。确认好位置后，在柜体上固定金属扣的扣眼。

柜门上的扣鼻，为了使开合方便，要注意上下对齐。

把手

把手的种类不同，打的孔也不同。在柜门的里侧用钻（直径为2mm的钻头）打螺钉孔，并用螺钉固定。

再把柜门翻到里侧，将把手固定在凸出来的螺钉上。

完成

多功能储物柜完成。用线锯在侧板上部锯出一条曲线。如果不锯成曲线而斜着锯成直线的话，这个多功能储物柜将会充满成熟感。

孩童用桌

设计/久冈健次郎
约500mm(面宽)×375mm(深)×480mm(高)

带抽屉又牢固的孩童用桌，天蓝色不会显得太过幼稚，即使用作边桌也会很受欢迎。

制作方法…P100

孩童座椅

设计/久冈健次郎
约370mm(面宽)×370mm(深)×530mm(高)

等孩子长大之后可以当作装饰用家具，它会成为留有时光痕迹的令人爱不释手的家具。

制作方法…P99

加强凳子腿的稳固性

长凳

设计/关口洋子
约350mm(面宽)×301mm(深)×598mm(高)

修长的凳子腿尽显其可爱之处。可以放一些小物品或是绿色的装饰品搭配在一起使用，搭配方法多样。

制作方法…P101

展示框架

设计/长谷川优子

约330mm(面宽)×65mm(深)×536mm(高)

给展示框架涂上咖啡色，加上金属丝或者随意地镶上些金属丝钩来点缀，突出它的紧致感。

制作方法…P101

带抽屉的装饰架

设计/山根一哉
约720mm(面宽)×253mm(深)×570mm(高)

三个并列的抽屉很吸引人的眼球。你可以把它放在床头或者橱柜的下面，它将作为新颖的搁物架受到人们的追捧。

制作方法…P102

只需要改变一下抽屉的铭牌，或是换成玻璃的拉手或古典风格的拉手，就可以营造不同的氛围。来尝试换上你喜欢的零部件吧。

壁炉式陈列柜

设计/久冈健次郎
约230mm(面宽)×200mm(深)×350mm(高)

在可爱的陈列柜边装饰上一些小百货或是照明灯，使得这款室内装饰独具特色，设计感十足。而特意做的生锈的拱形门更是洋溢着浓浓的存在感。

制作方法…P96

咖啡桌

设计/尾下柚香
约1200mm(面宽)×655mm(深)×619mm(高)

咖啡桌在客厅和餐厅起着核心作用。只需要将面板和桌子腿用加强板牢固地固定住，就可以做成这个桌子。不妨来挑战一下，做成你喜欢的咖啡桌吧。

制作方法…P103

插图中作品的制作方法

后面罗列着插图中作品的取材图和制作图。
从小巧精美的小百货到在室内装饰中
起着决定作用的重要家具，
让我们试着动手挑战一下吧。

※制作图、取材图中没有特别指明的，数字单位都是mm。

花木箱

材料和要点

实物图…P32

材料和要点参照P32。

制作图

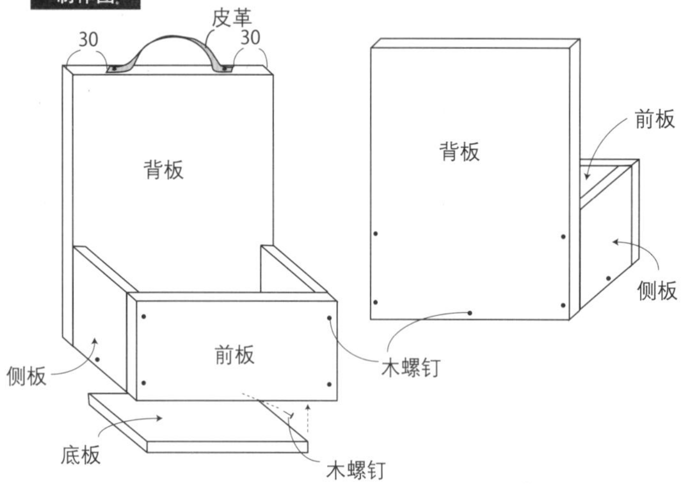

取材图

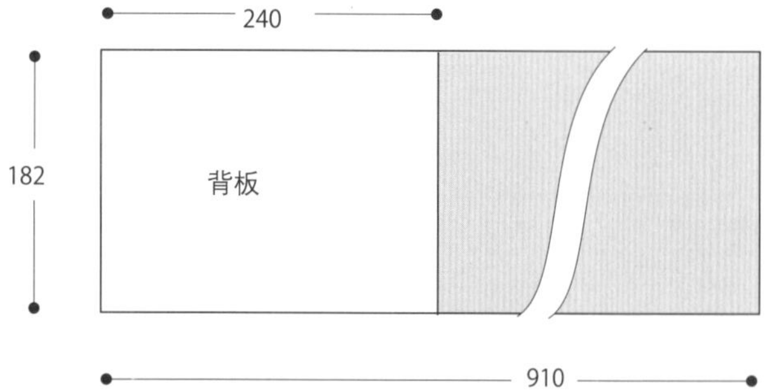

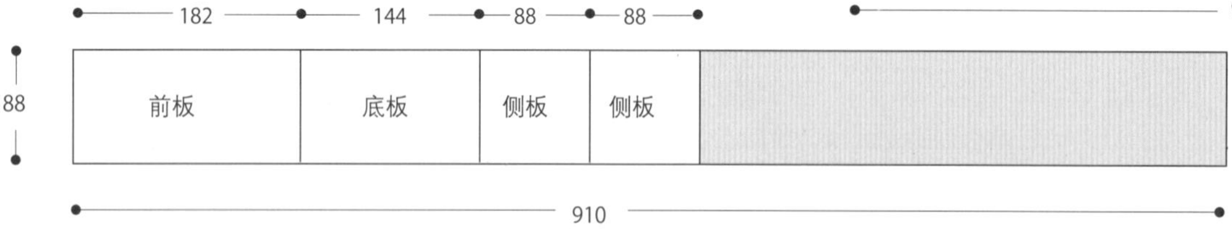

十字形搁板

材料

实物图…P34

薄木板（厚5mm）300mm×600mm1块；木螺钉24个；漆；丙烯颜料（黑色、深棕色）；细铁丝16cm；布适量

制作图

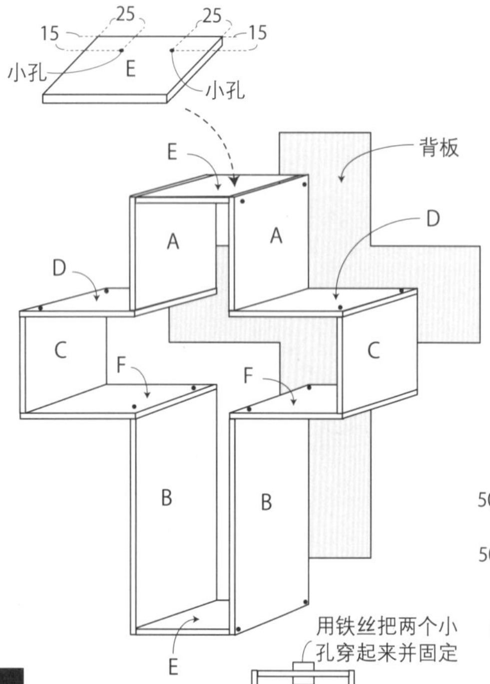

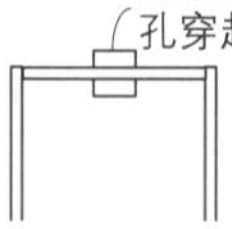

要点

用木工胶将木板紧紧粘接后，用混有丙烯颜料的漆涂抹除背板内侧以外的所有地方。在背板内侧随意粘贴上起关键作用的布料后，用丙烯颜料（深棕色）涂抹。

取材图

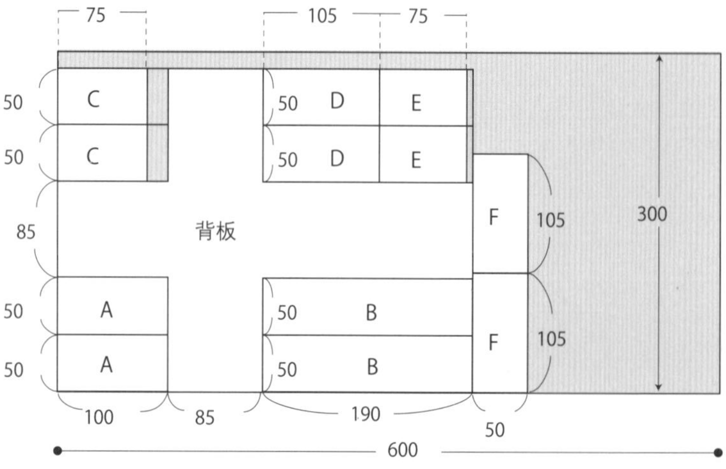

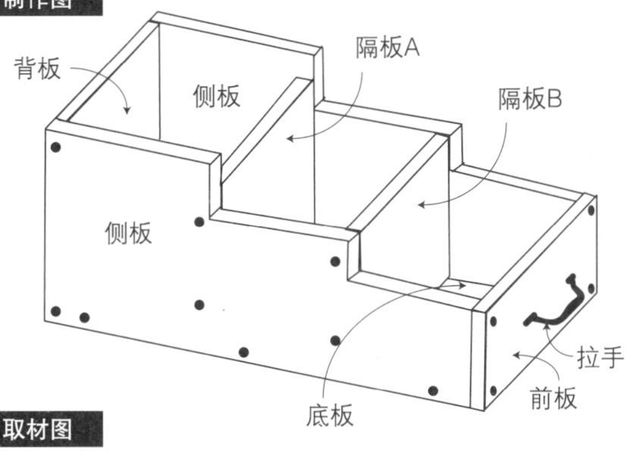

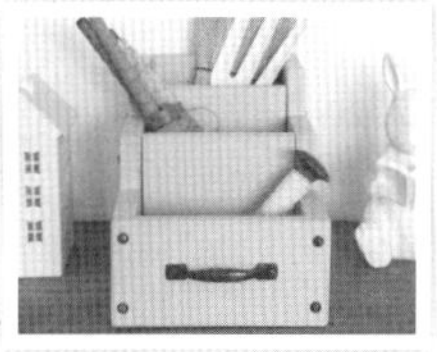

三层收纳盒

实物图…P34

材料

SPF板（厚18mm）88mm×910mm1块，134mm×910mm1块，182mm×910mm1块；圆头装饰钉23颗；拉手1个；防水涂料（淡蓝色）

要点

用侧板将底板、隔板、背板夹紧后组装。然后再从前板开始，依次在各个板上用装饰钉固定，完成。

取材图

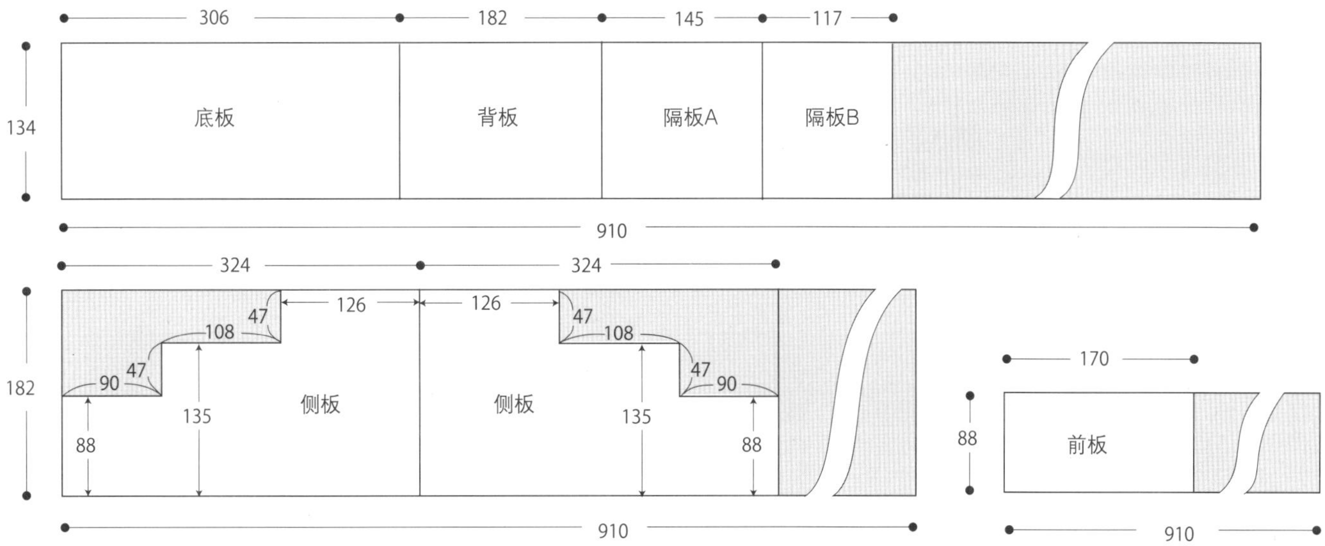

精致教堂椅

实物图…P35

材料

杉木板（厚8mm）150mm×150mm1块；厚朴木板（厚8mm）90mm×250mm1块；厚朴木板（厚5mm）90mm×100mm1块；圆木棒（直径5mm）180mm1根；暗钉4颗

要点

组装椅子主体，使椅子的各个连接处都是直角，并用暗钉固定椅座。然后在椅子前腿和后腿之间安装上起固定作用的圆木棒。最后安装椅盒，用木工胶把它紧紧地固定在椅子上。

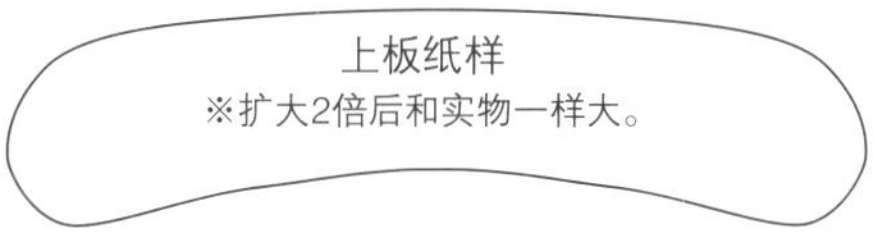

制作图

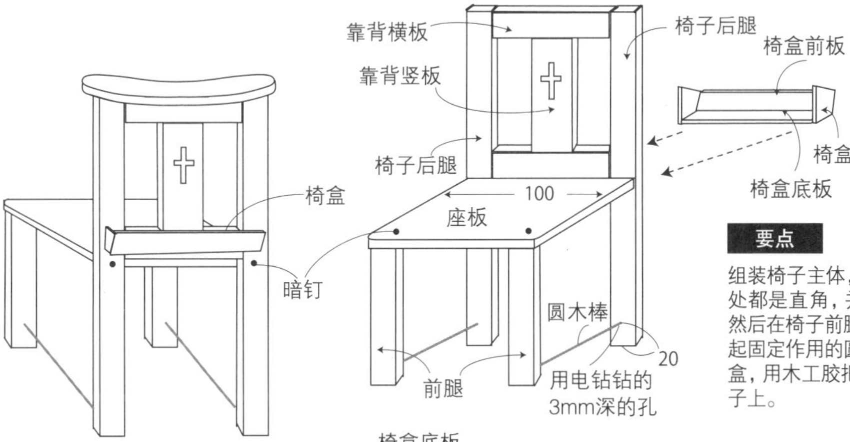

靠背竖板上的十字形纸样和实物一样大

取材图

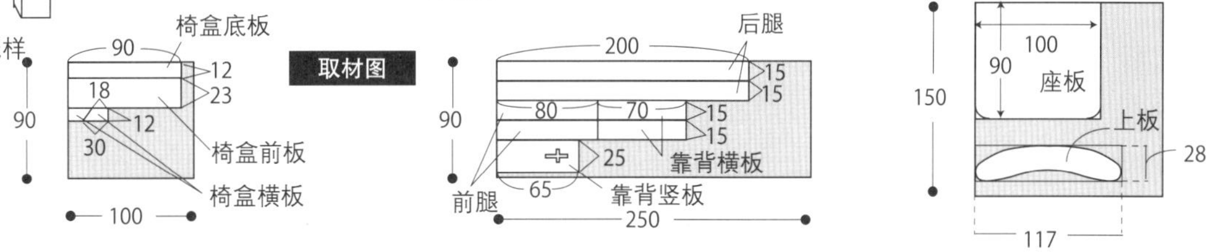

带挂链的观赏灯

实物图…P36

材料

贝壳杉木板（厚10mm）250mm×460mm 1块；厚朴木板（厚5mm）90mm×90mm1块；圆木棒（直径5mm）20mm1根；木螺钉2颗；螺钉圈，大、小各4个；丙烯颜料（象牙白色）；照明小件（使用30W以下的小灯泡）

制作图

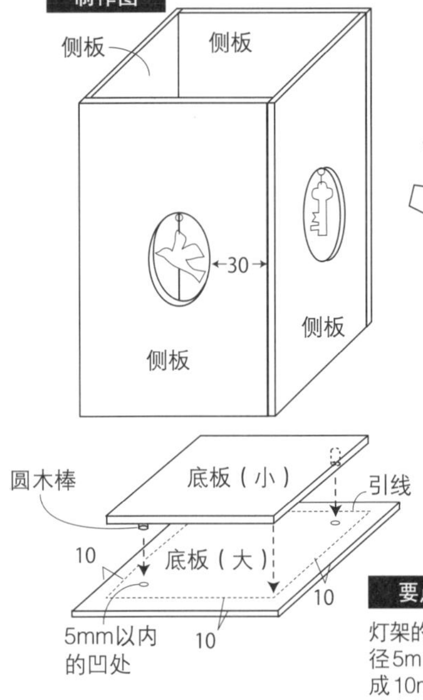

和实物挂链一样大的纸样（厚朴木板）

要点

灯架的制作方法：先在底板（小）上用直径5mm的钻头钻5mm深的孔，并把裁成10mm长的圆木棒蘸上木工胶，插到孔内紧紧固定；然后再在底板（大）同样的位置上钻5mm深的小孔。

取材图

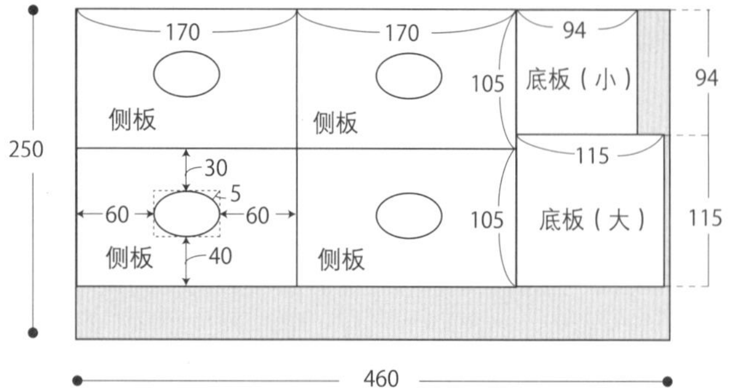

简易钥匙架

实物图…P37

材料

SPF板（厚18mm）38mm×910mm1块，88mm×910mm1块，182mm×910mm1块；挂钩5个；铭牌1个；木螺钉（30mm）14颗；防水涂料（巧克力色、薄荷色）

制作图

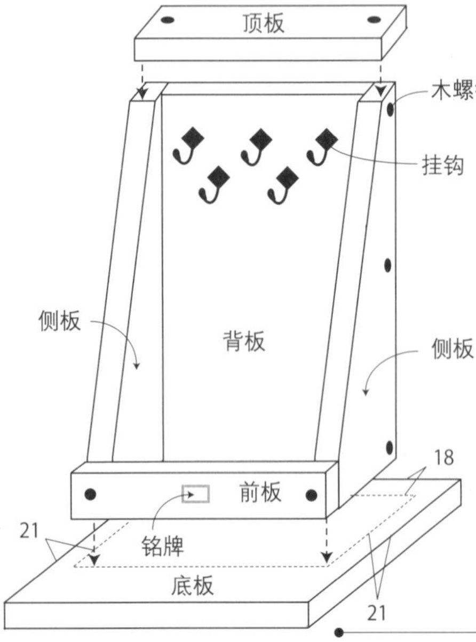

取材图

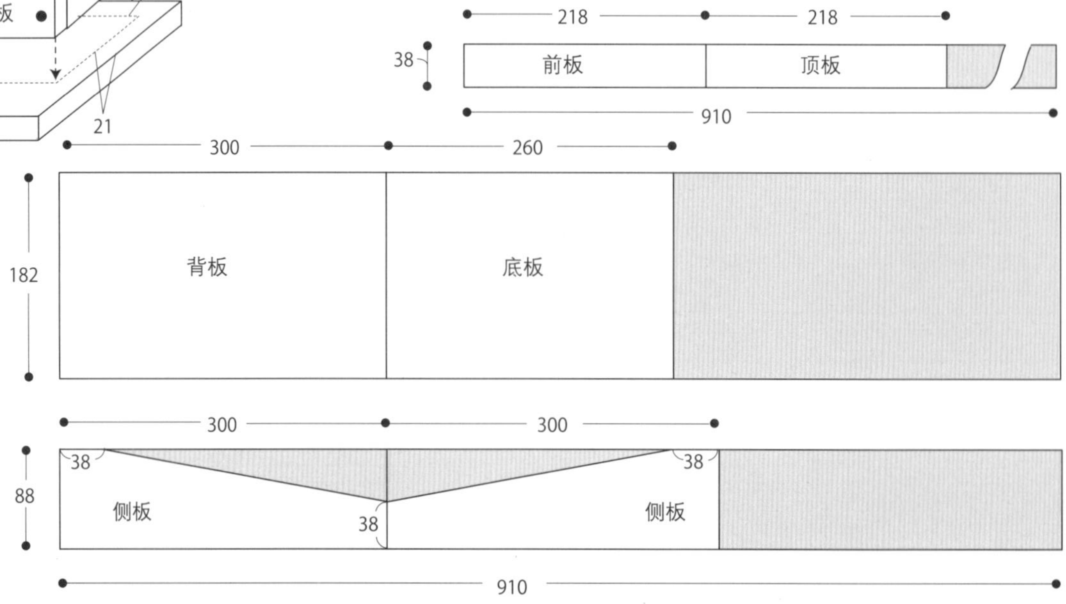

要点

把木板裁好后，先涂涂料，等干后再组装。先从背板开始装起，最后再与底板固定。

制作图

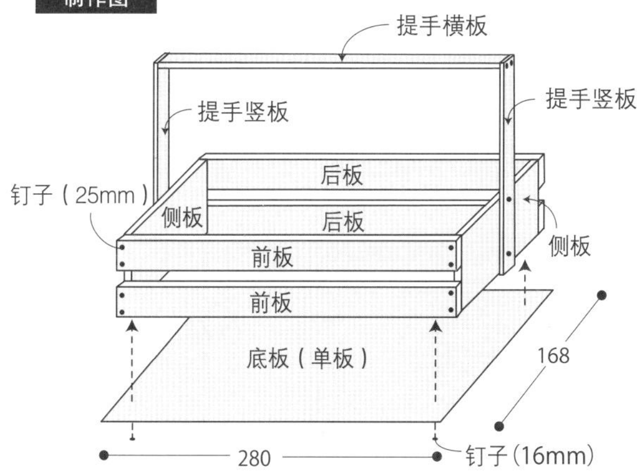

刀叉盒

实物图…P37

材料

扁柏木板（厚9mm）60mm×910mm1块，24mm×1820mm1块，15mm×910mm1块；单板（厚4mm）150mm×280mm1块；钉子25mm的24颗，16mm的4颗；直钉枪；防水涂料（白色）

取材图

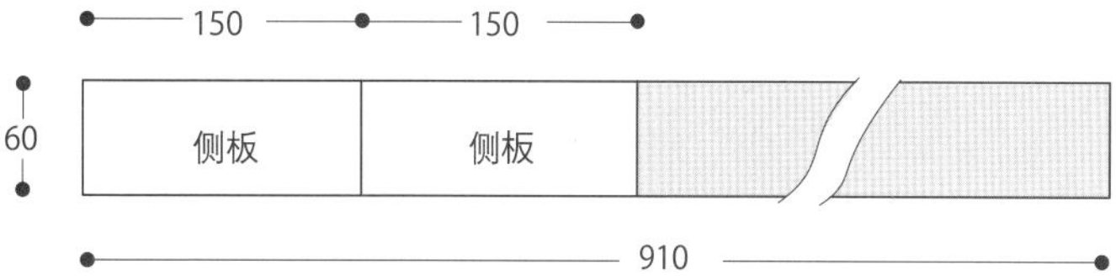

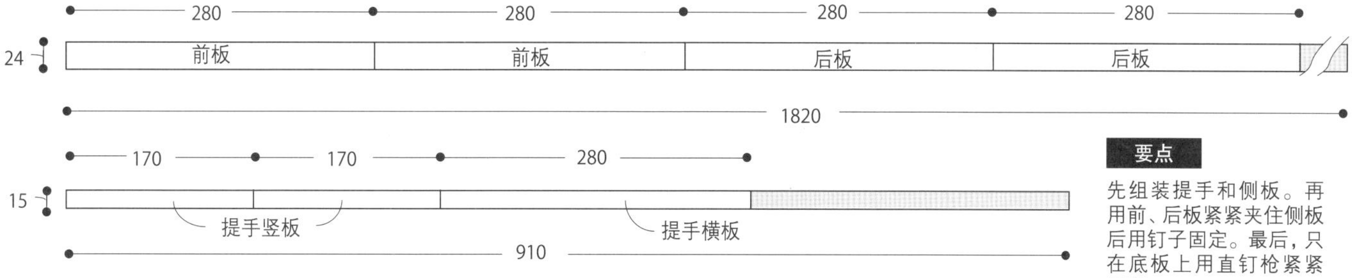

要点

先组装提手和侧板。再用前、后板紧紧夹住侧板后用钉子固定。最后，只在底板上用直钉枪紧紧固定。

制作图

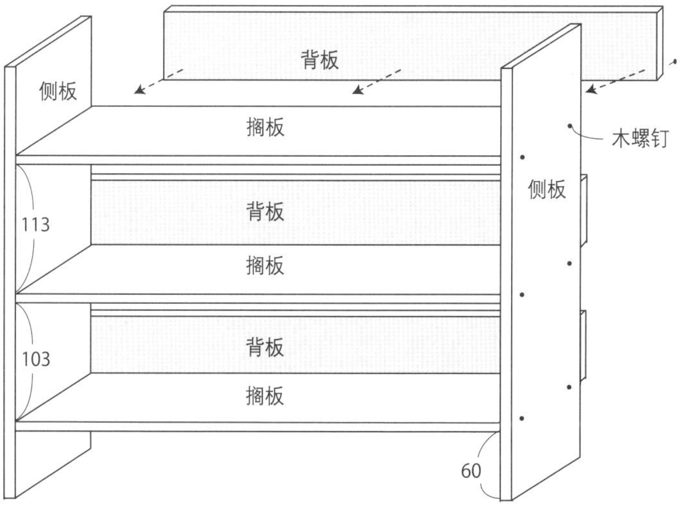

三层架

实物图…P38

材料和要点

材料和要点参照P38。

取材图

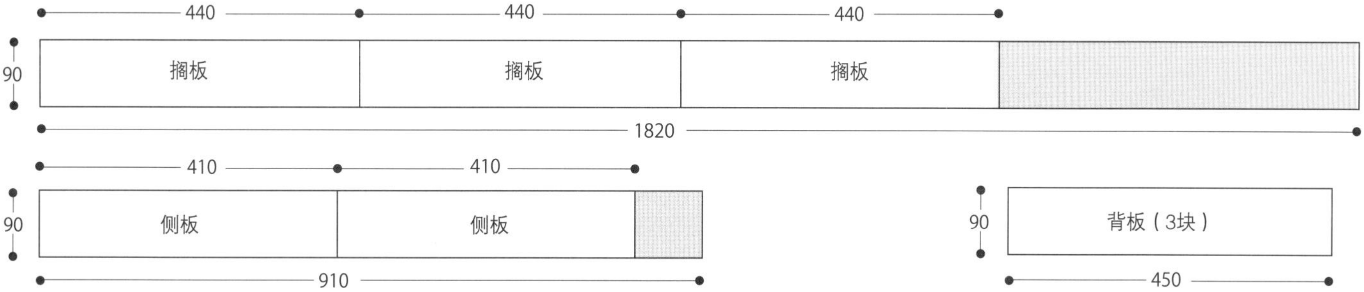

时尚壁挂搁板

实物图…P40

材料

SPF板(厚18mm)88mm×910mm1块,134mm×910mm1块,134mm×1820mm 1块;填孔用圆木棒(直径8mm)适量;挂钩3个;三角形金属吊环2个;木螺钉(40mm)21颗;防水涂料(橄榄绿色、白色);Watco着色剂(黑胡桃木色)

要点

涂涂料时,先涂橄榄绿色的防水涂料,再涂白色的。等涂料干后用砂纸打磨,并在打磨过的地方浸入着色剂。

制作图

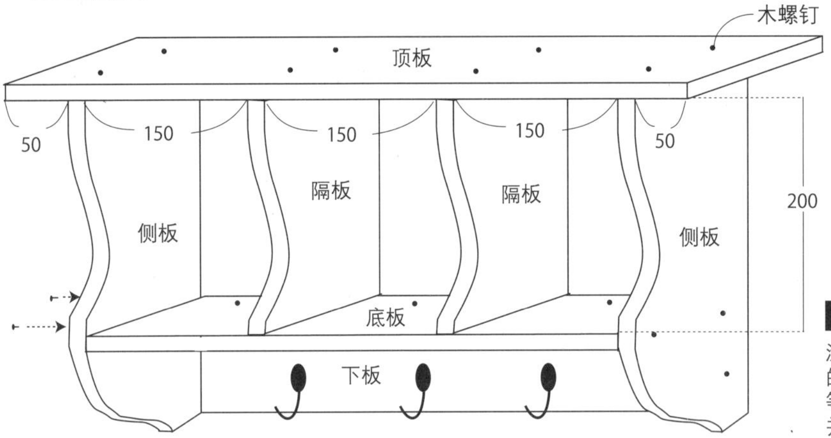

取材图

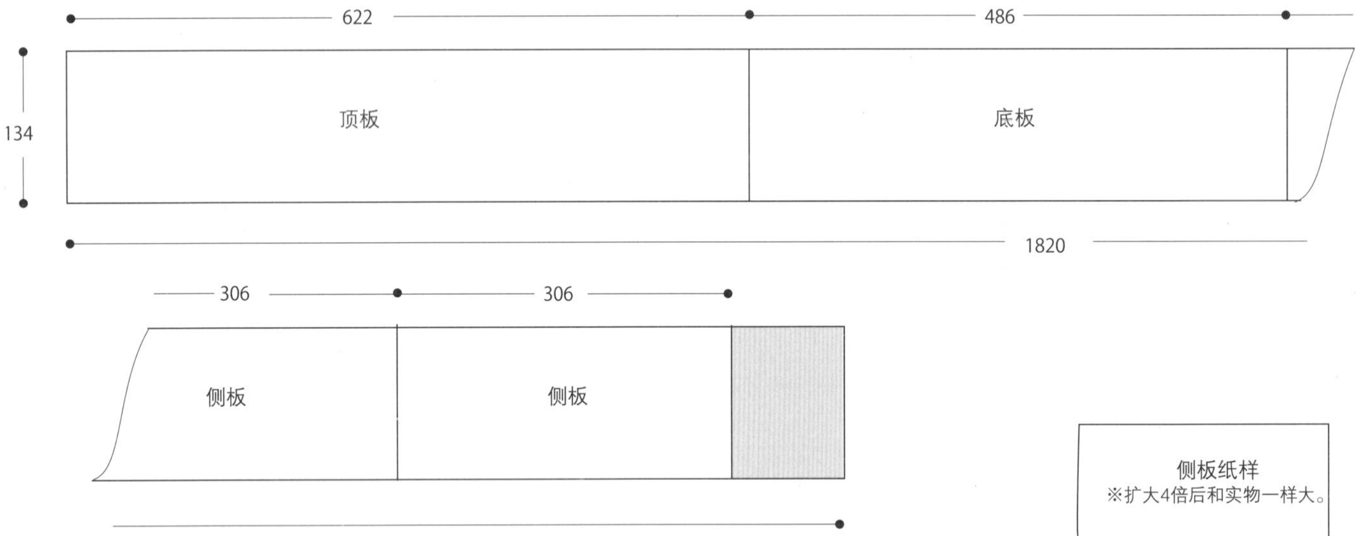

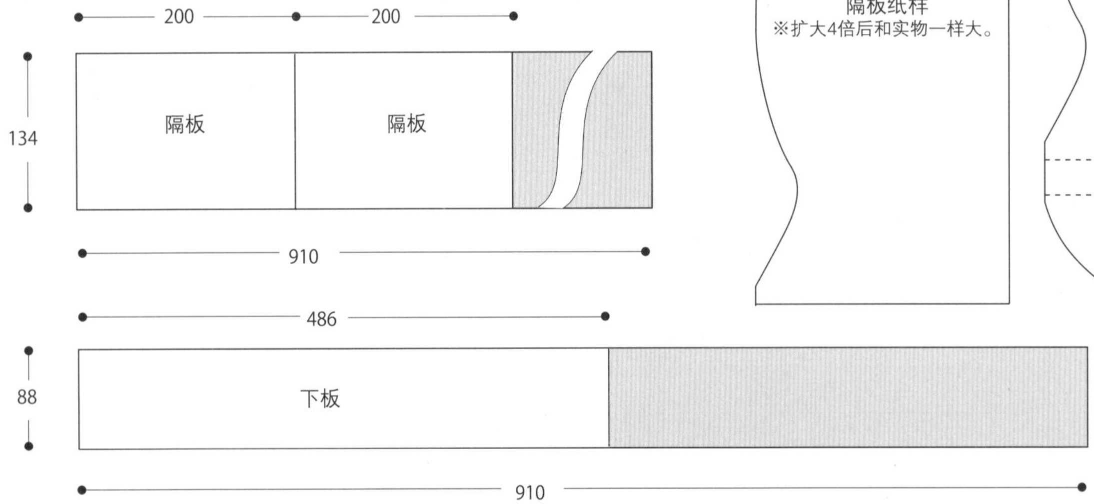

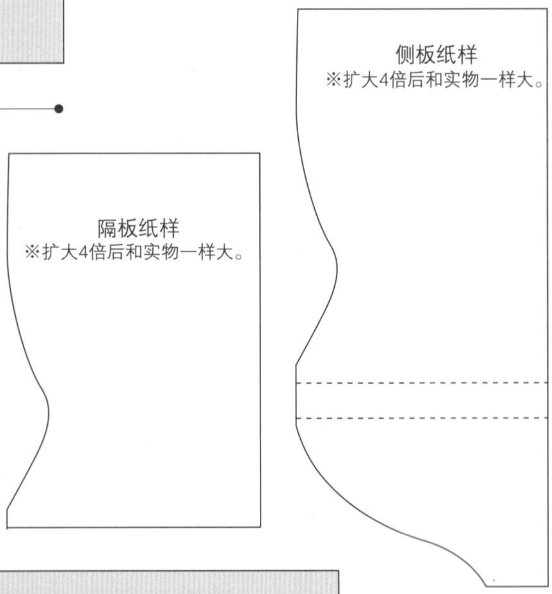

钟表置物架

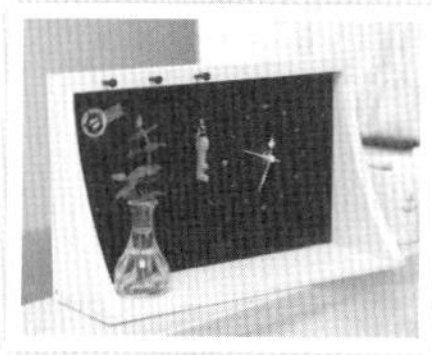

实物图…P40

材料

单板(厚5mm) 300mm×350mm1块;松木板(厚15mm) 200mm×350mm1块;钉子3颗;时钟1个;板漆喷雾器;印花(邮戳);木螺钉(15mm)16颗;防水涂料(白色)

要点

为了不在正面看到螺帽，要在架子的底面和背面固定螺钉。最后安装时钟。

制作图

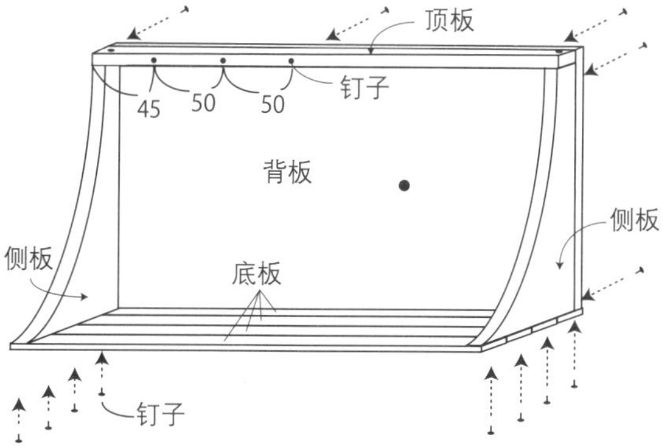

侧板的纸样
(扩大4倍后和实物一样大)

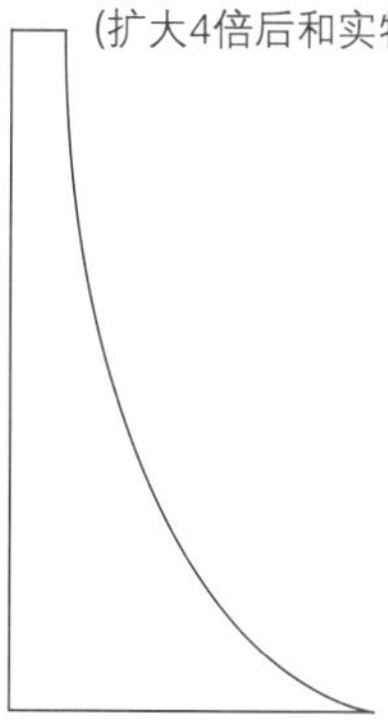

取材图

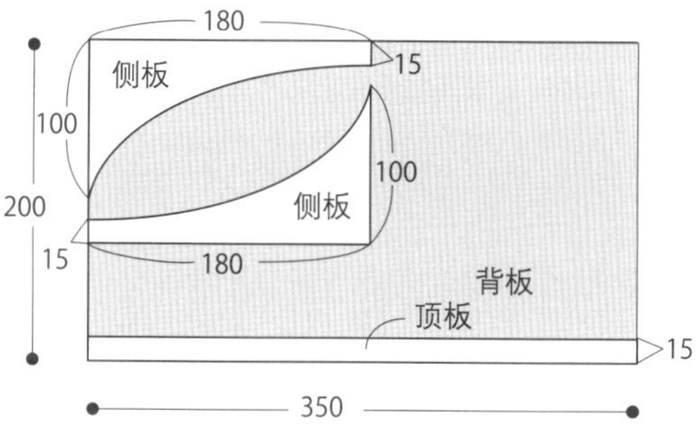

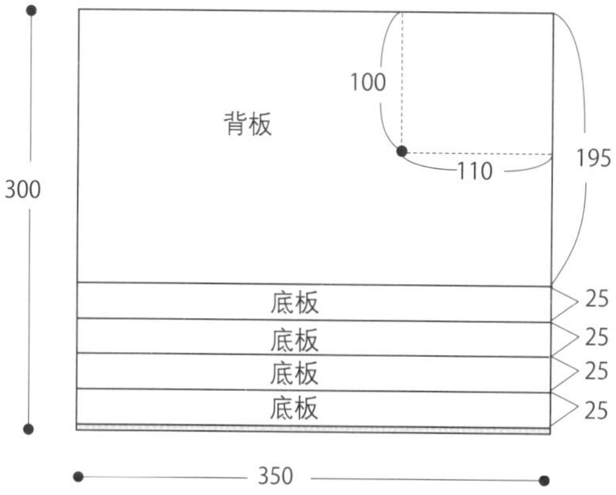

带挂钩的卡板

实物图…P42

材料

扁柏木板(厚5mm) 30mm×910mm1块，60mm×910mm1块;扁柏木板(厚9mm) 90mm×910mm1块;直径6mm的金属扣眼(青铜)7个;三角形金属吊环2个;钉子(15mm) 13颗;漆(白色);丙烯颜料(黑色、深棕色、复古黄色);砖棕赤陶风涂料

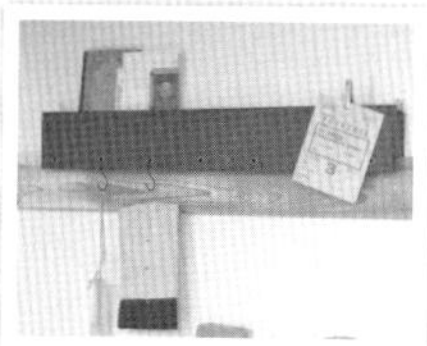

制作图

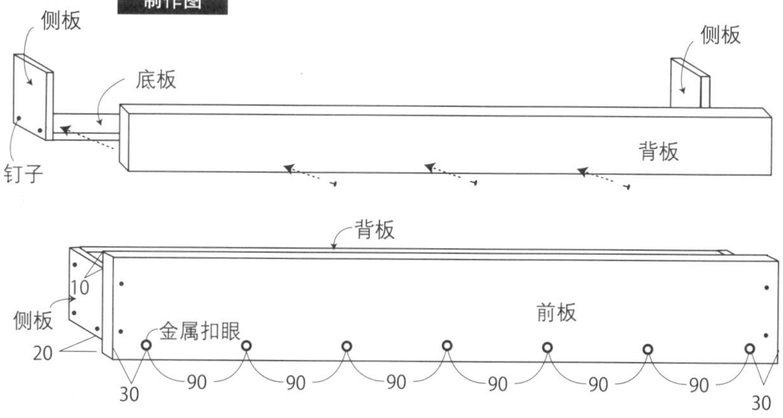

要点

涂漆时，为了隐藏木纹和接缝，将漆和黑色的丙烯颜料混合涂抹。再使用砖棕赤陶风涂料使木板出现斑驳的复古锈感。最后用深棕色和复古黄色的丙烯颜料混合后涂抹整体。

取材图

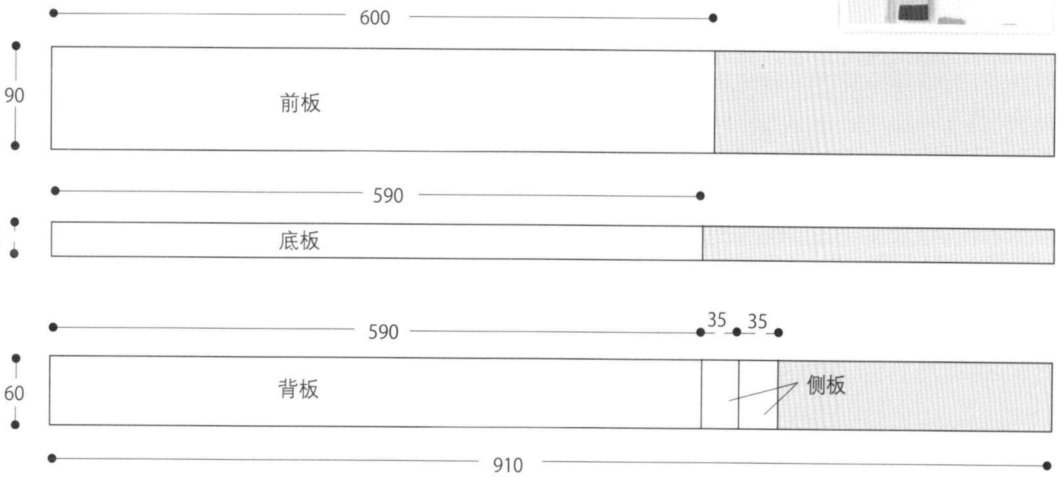

观赏置物架

实物图…P41

材料

SPF板(厚19mm)90mm×1820mm1块，90mm×910mm1块;南洋桐木板(厚5mm)90mm×180mm6块;三角形金属吊环2个;木螺钉(35mm)12颗;螺钉(16mm)12颗;着色剂(黑胡桃木色)

要点

用侧板紧紧夹好顶板、搁板、底板后用木螺钉固定，最后在架子背面用螺钉固定背板。

制作图

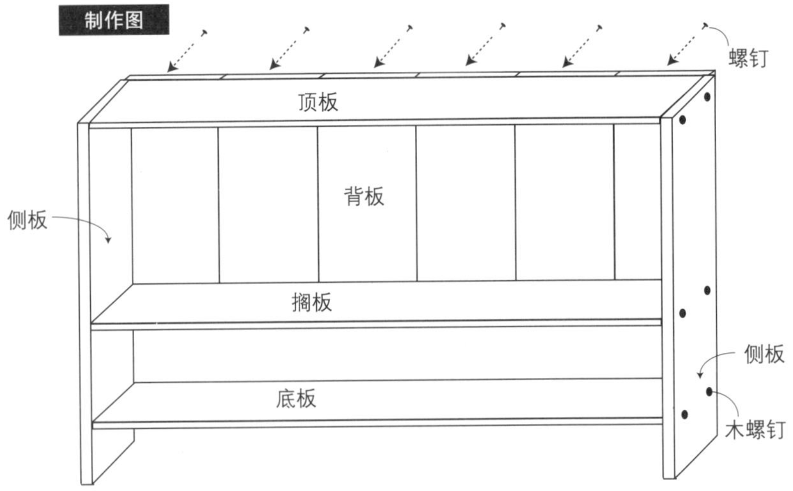

取材图

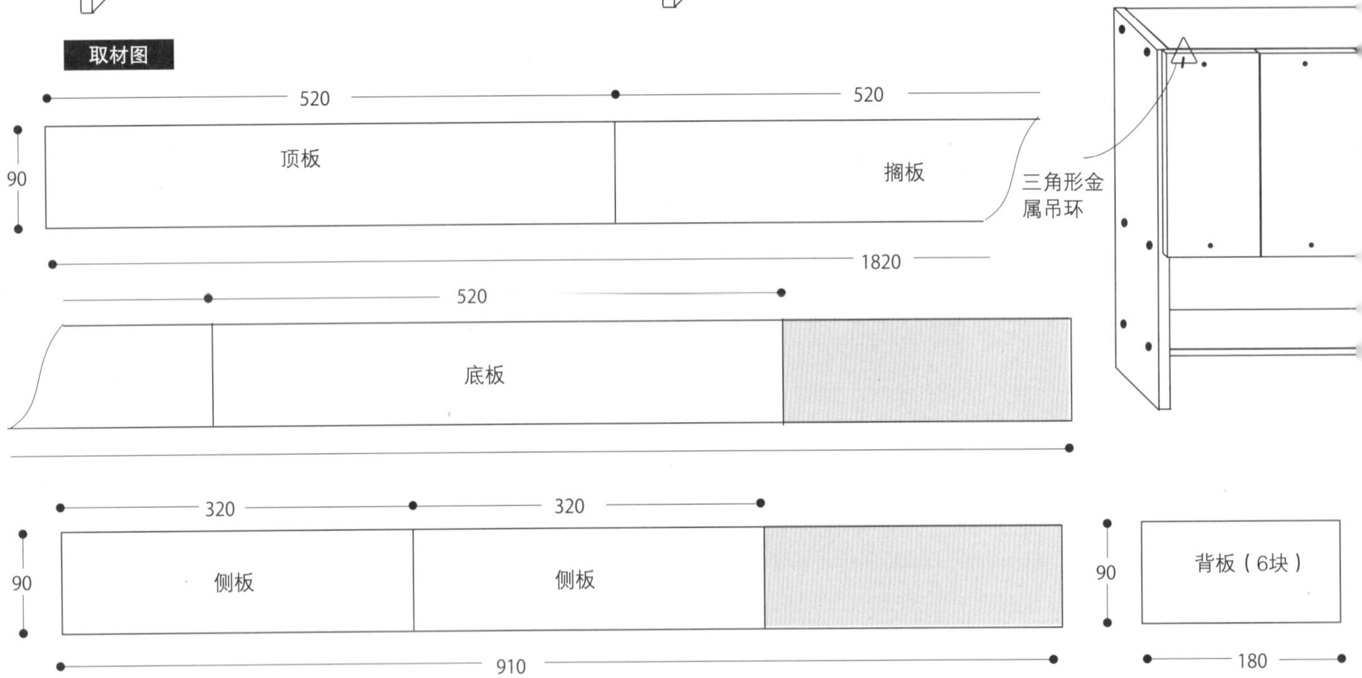

带钩挂架

实物图…P42

材料

SPF板(厚19mm)90mm×910mm1块，65mm×910mm1块;挂钩5个;木螺钉(40mm)6颗;三角形金属吊环2个;着色剂(黑胡桃木色)

制作图

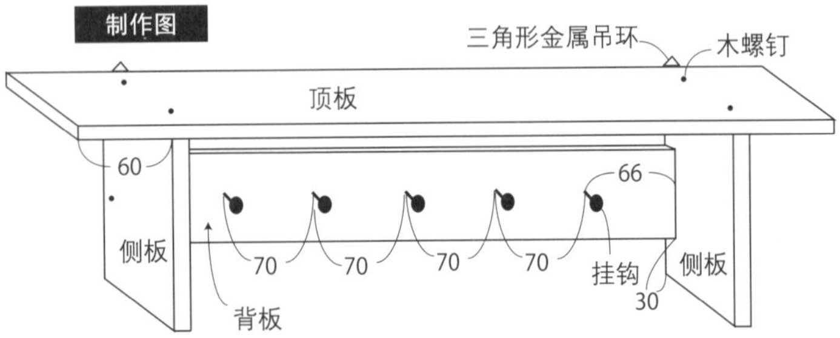

要点

用侧板紧紧夹好钉上挂钩的背板后，用木螺钉固定。最后固定顶板和侧板。

取材图

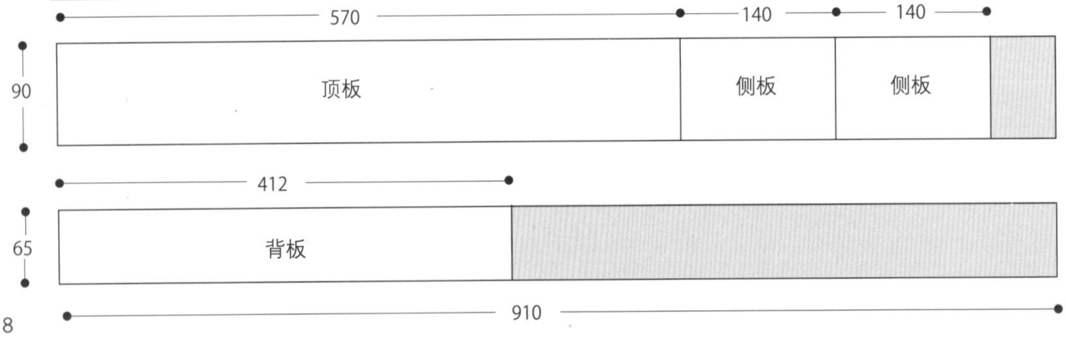

简易梯

材料

实物图…P43

SPF板（厚18mm）38mm×1820mm1块，88mm×910mm1块；扁柏木板（厚8mm）15mm×910mm1块；木螺钉（30mm）12颗；防水涂料（白色）

制作图

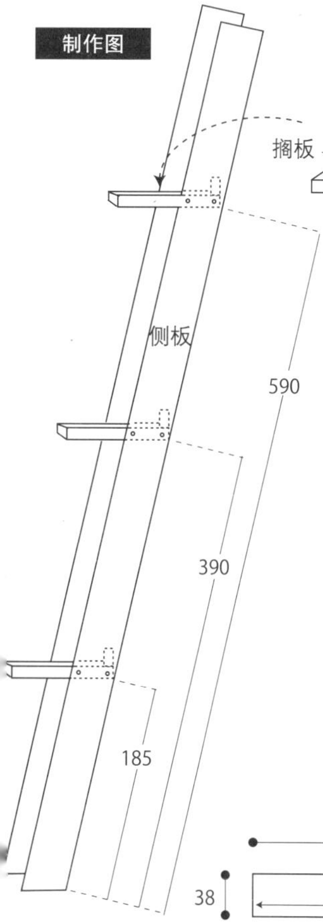

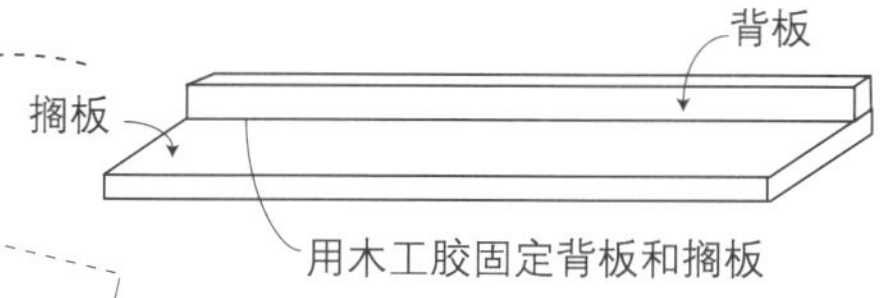

要点

用木工胶固定好搁板和背板后，用侧板紧紧夹好，并使侧板与地面相契合，然后用木螺钉固定。

取材图

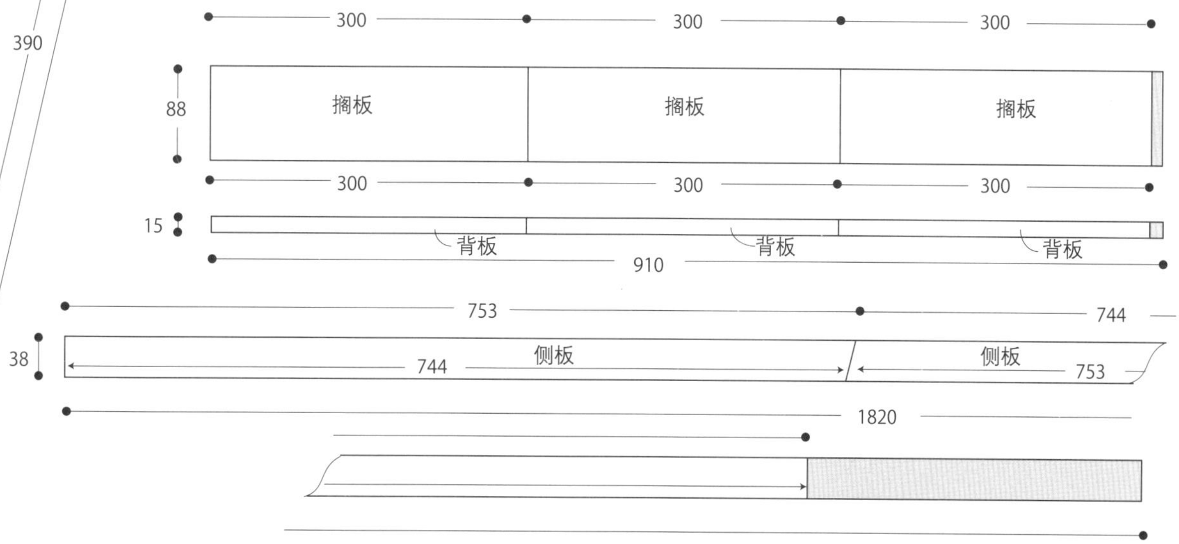

金属丝框架

材料

实物图…P46

松木板（厚15mm）40mm×920mm2块；铝铜合金园艺用金属丝（直径3mm）375cm；木螺钉（10mm）12颗；直钉枪；防水涂料（白色、深棕色）

制作图

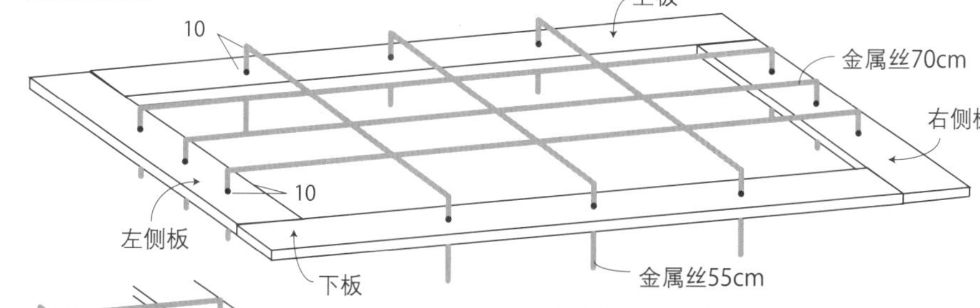

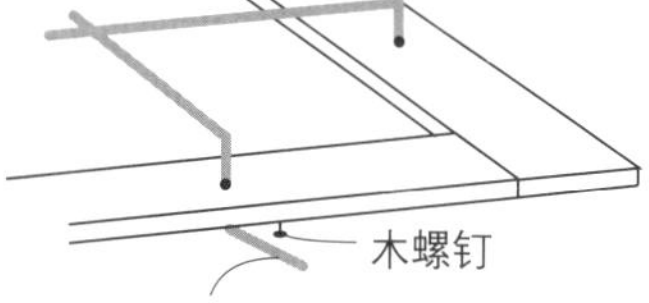

可以把金属丝卷在离金属丝孔不远处的木螺钉上固定

要点

组装前先打金属丝孔（直径3~4mm），然后用木工胶和直钉枪固定好木板边框后再把金属丝插入固定。金属丝用深棕色防水涂料涂抹，边框先用深棕色涂料涂抹后再刷上白色涂料，最后用砂纸部分打磨。

取材图

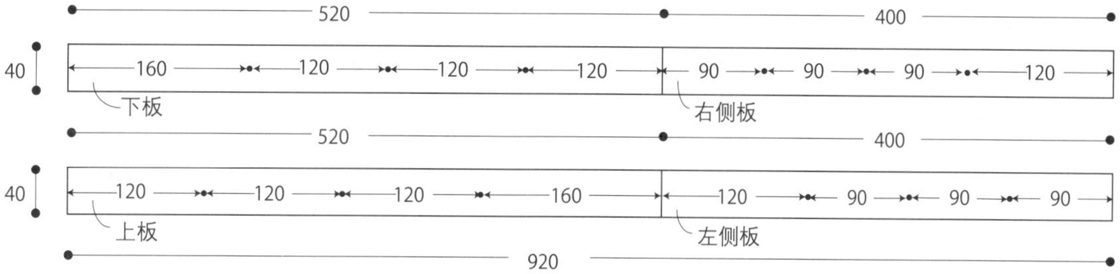

带壁龛的网板

实物图…P44

材料和要点

材料和要点参照P44。

制作图

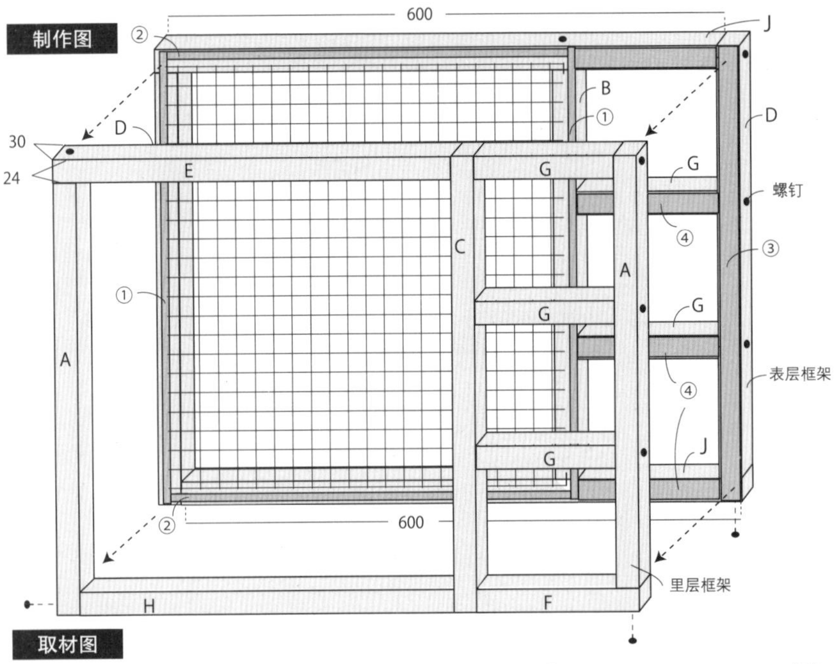

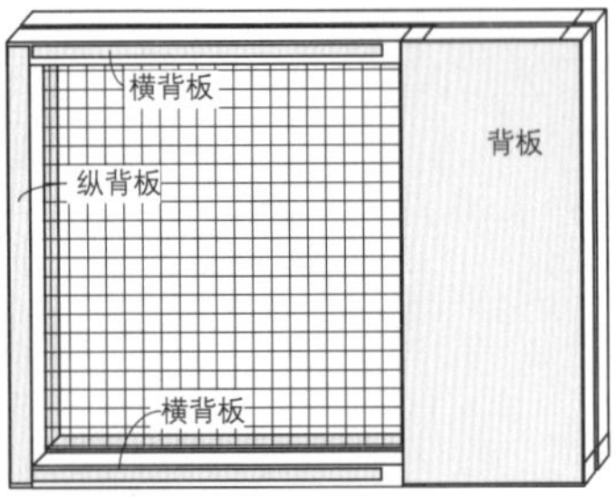

取材图

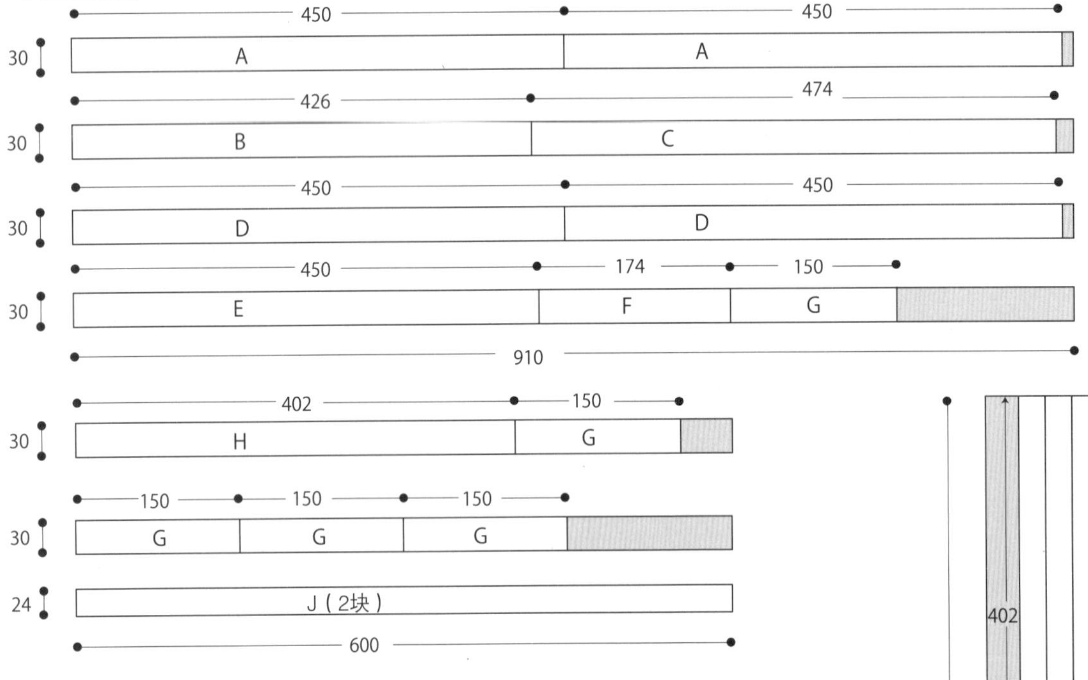

加强板

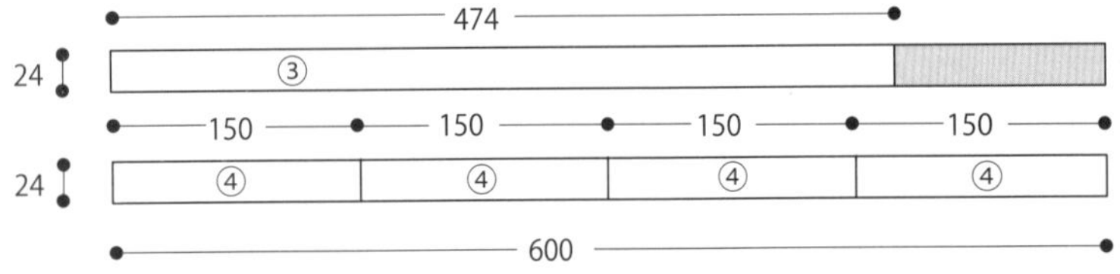

加强板

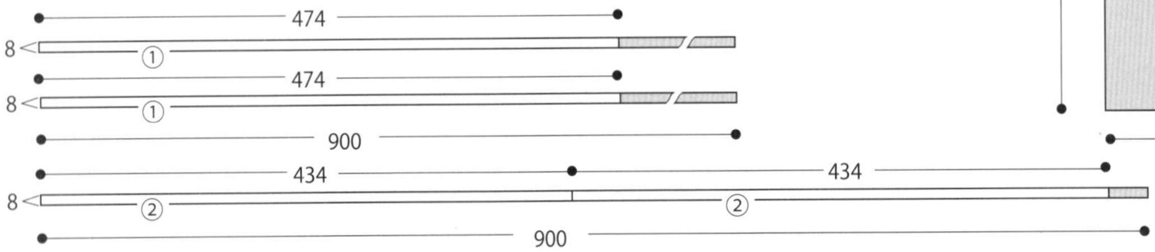

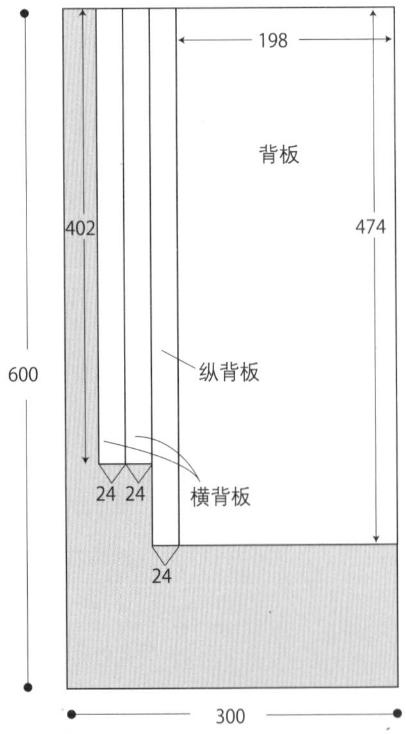

取材图

表层框架

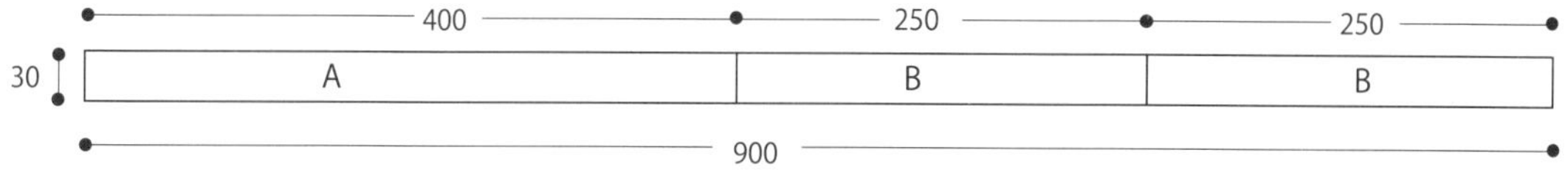

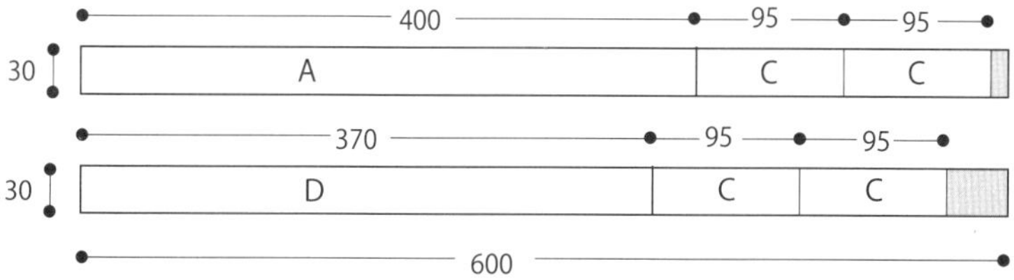

要点

柜门用木工胶和直钉枪固定，搁物架主体边组装边用钉子固定。将它们各自涂上漆后，再用合页将柜门和搁物架主体组装起来。

里层框架

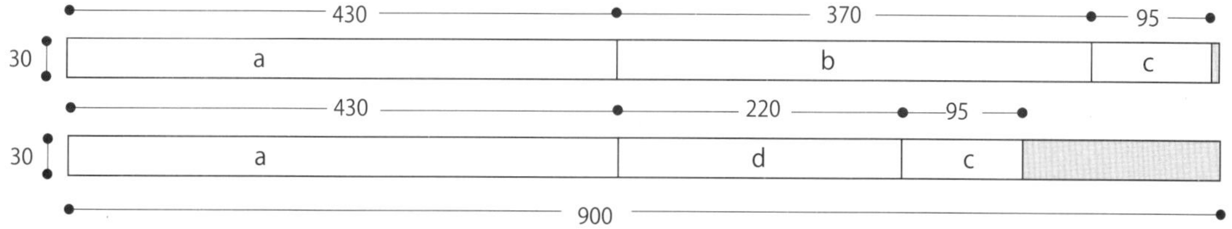

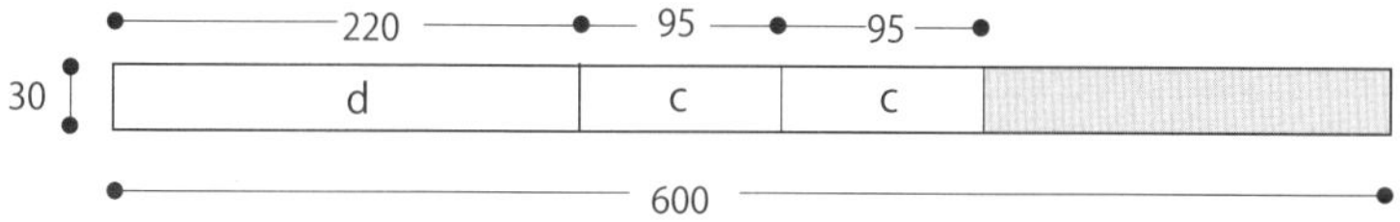

框架加强板

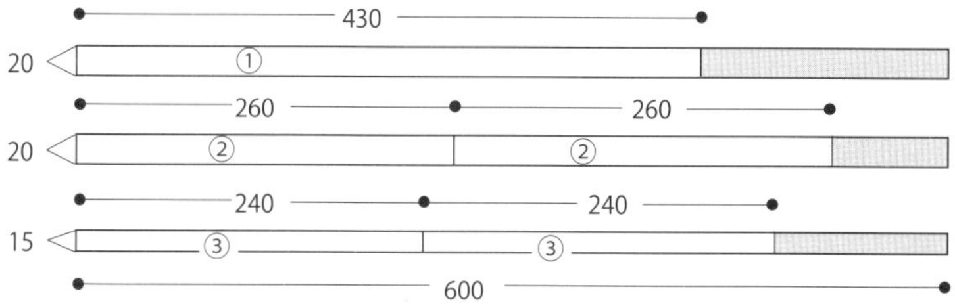

带窗搁物架

实物图…P46

材料

柜门
松木板（厚12mm）30mm×900mm1块，30mm×600mm2块；松木板（厚5mm）30mm×900mm2块，30mm×600mm1块；扁柏木板（厚3mm）20mm×600mm2块，15mm×600 mm1块；树脂板116 mm×116 mm 3块；玻璃板116 mm×116 mm 3块；门吸1对；直钉枪
格子
松木板（厚20mm）140mm×900mm2块；松木板（厚12mm）70mm×900mm2块；钉子30mm的12颗，20mm的16颗；合页2个；防水涂料（白色）

格子

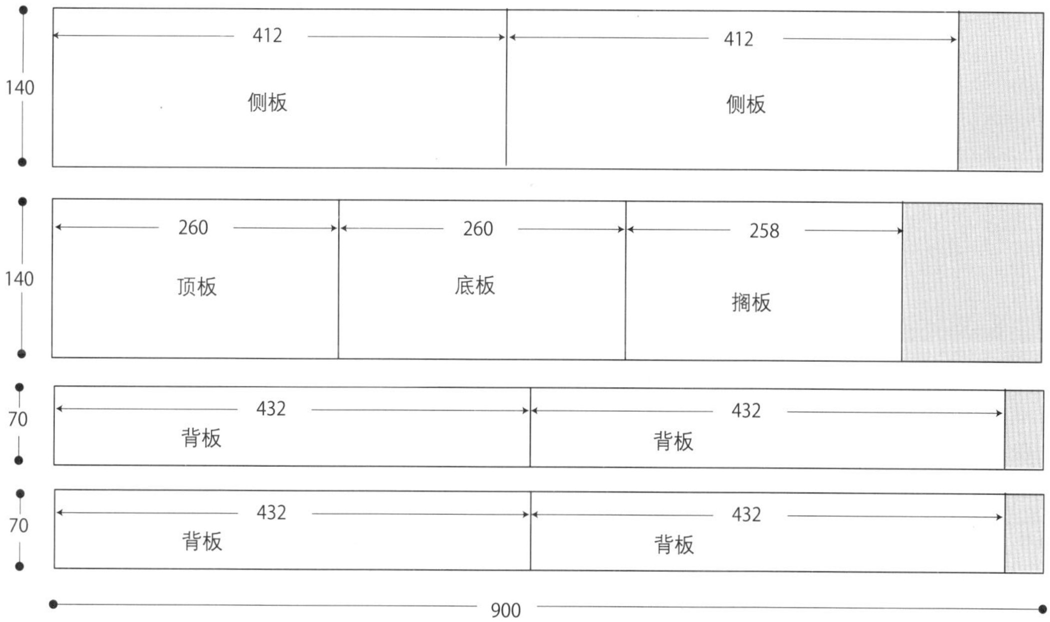

制作图

见P92。

带窗搁物架

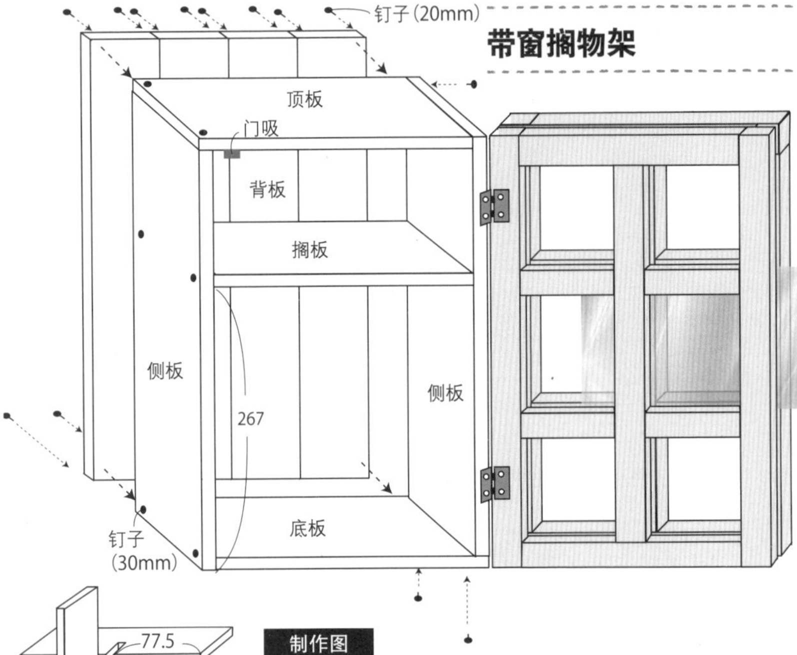

制作图

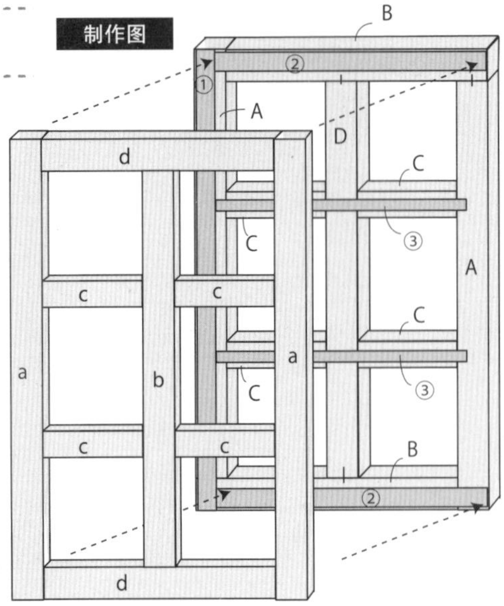

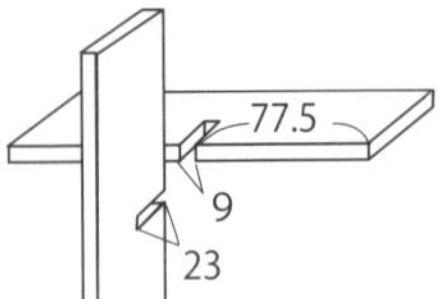

制作图

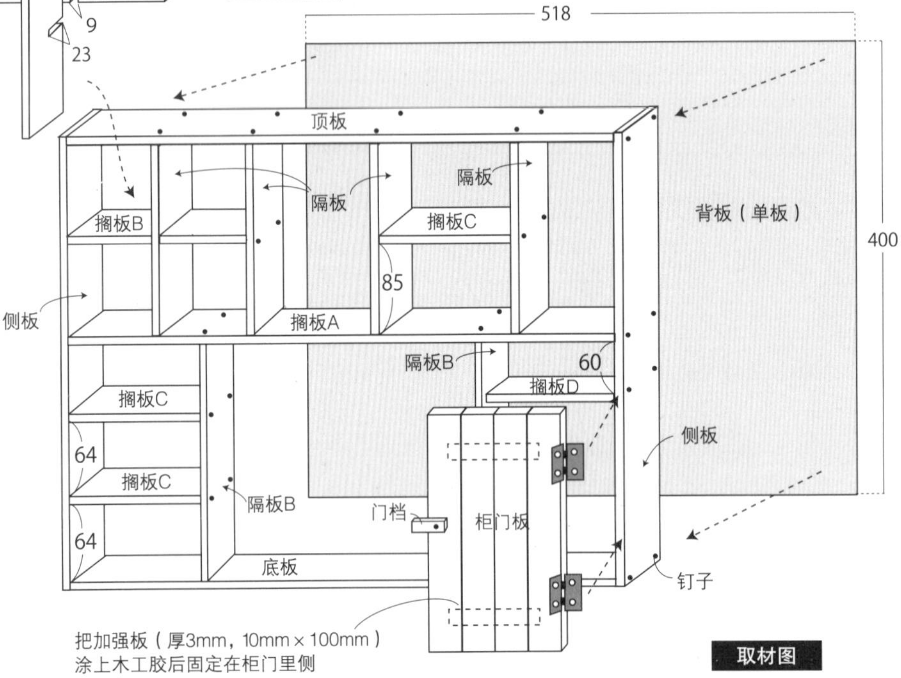

百变创意桌柜

实物图…P47

材料

扁柏木板（厚9mm）45mm×1820mm3块；扁柏木板（厚6mm）30mm×1820mm1块；扁柏木板（厚3mm）10mm×100mm2块；单板（厚2mm）400mm×518mm1块；钉子（20mm）59颗；合页2个；蜂蜡

要点

先把大大小小的搁板和隔板用钉子固定，再用顶板和底板将组装好的部分夹紧后固定，然后固定侧板，最后安装背板。

取材图

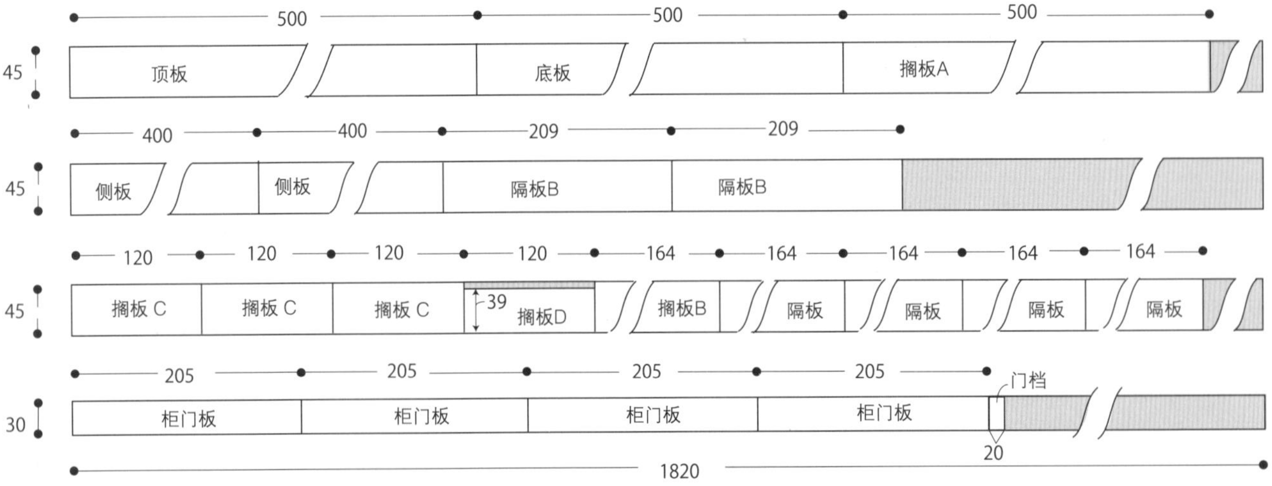

制作图

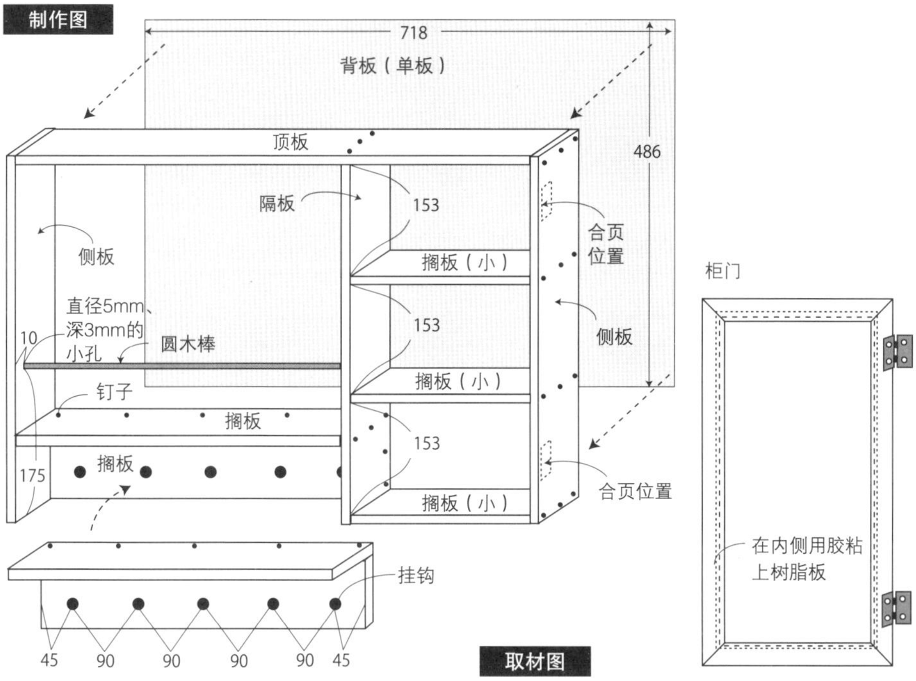

带窗搁板

材料

实物图…P48

扁柏木板（厚9mm）90mm×1820mm3块，30mm×1820mm1块；树脂板（厚1mm）446mm×219mm1块；单板（厚2mm）718mm×486mm1块；圆木棒（直径5mm）456mm；钉子（25mm）42颗；挂钩5个；合页2个；金属扣1个；直钉枪；防水涂料（白色）

要点

先用钉子固定隔板和搁板（小），再与带挂钩的搁板组装后安装上圆木棒，并依次组装顶板和侧板，最后用直钉枪固定背板。金属扣的固定位置参照P48。

取材图

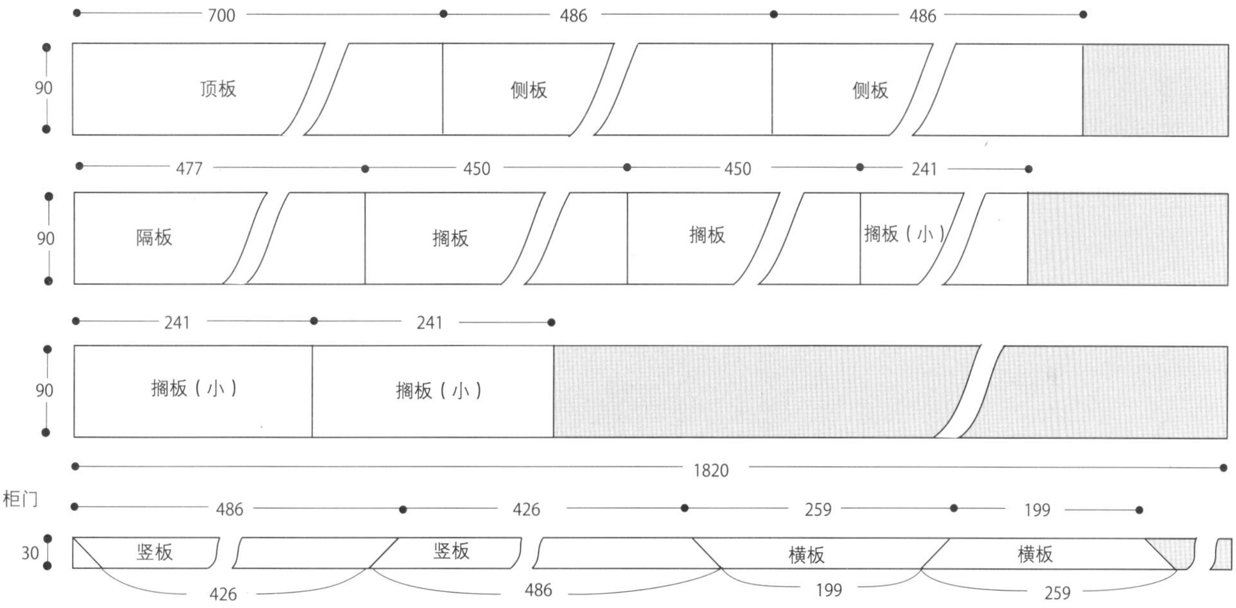

制作图

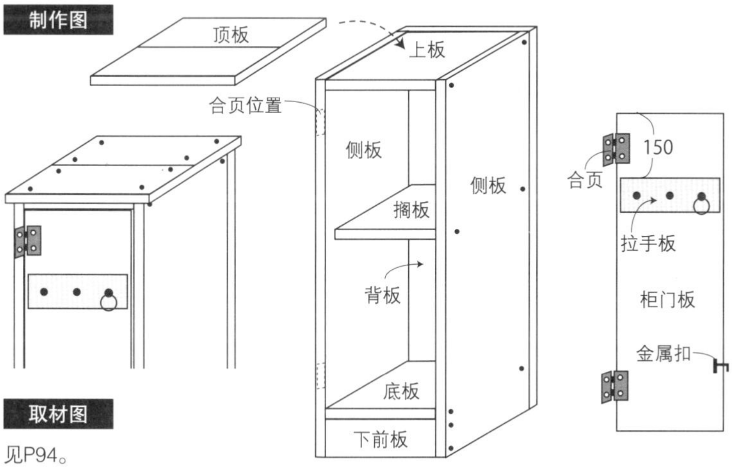

取材图

见P94。

细长储物柜

实物图…P69

材料

杉木板（厚15mm）180mm×1820mm2块；木螺钉（40mm）24颗；木螺钉（25mm，背板用）8颗；合页2个；金属扣1个；金属拉手、铆钉（按个人喜好选择）；防水涂料（按个人喜好选择）

要点

先用侧板将上板、搁板、底板、下前板紧紧夹好后用木螺钉固定。再依次组装背板、顶板。在拉手板的两侧用砂纸斜着打磨后，再用木工胶把它粘在柜门上。

细长储物柜

取材图

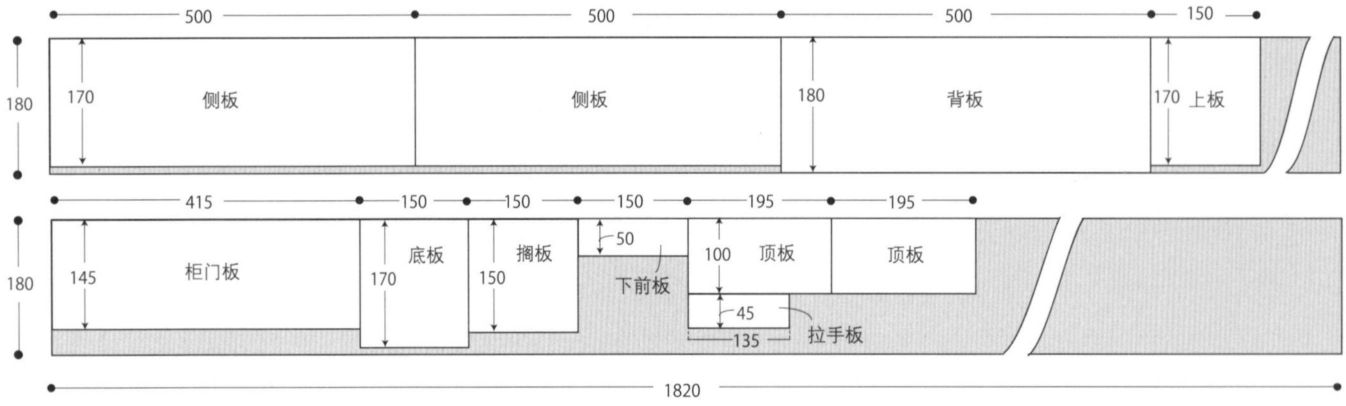

制作图

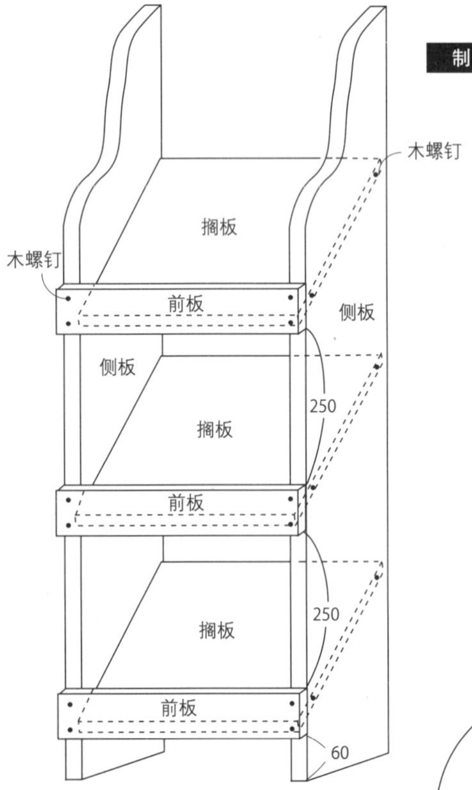

杂志搁物架

实物图…P68

材料

杉木板（厚15mm）180mm×1820mm2块，300mm×300mm3块；木螺钉（40mm）24颗；防水涂料（奶油色、茶色）

要点

用侧板将搁板紧紧夹好后用木螺钉固定。制作时，配合搁板上展示的物品，可以随意改变搁板摆放的角度。最后，用木螺钉将前板固定在柜体上。

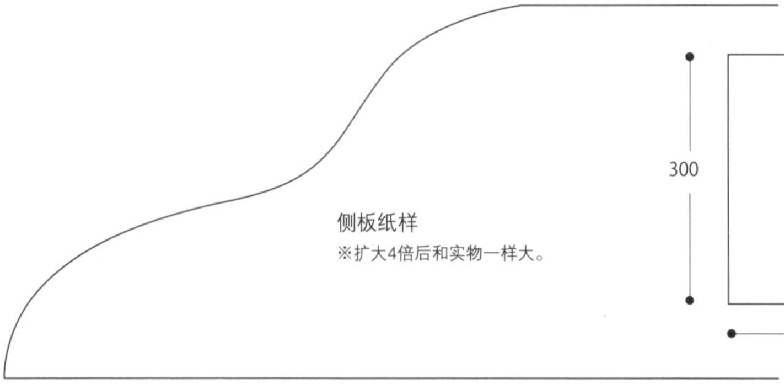

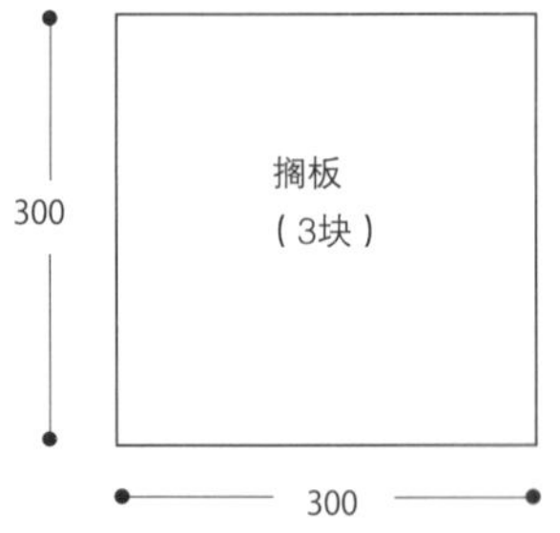

取材图

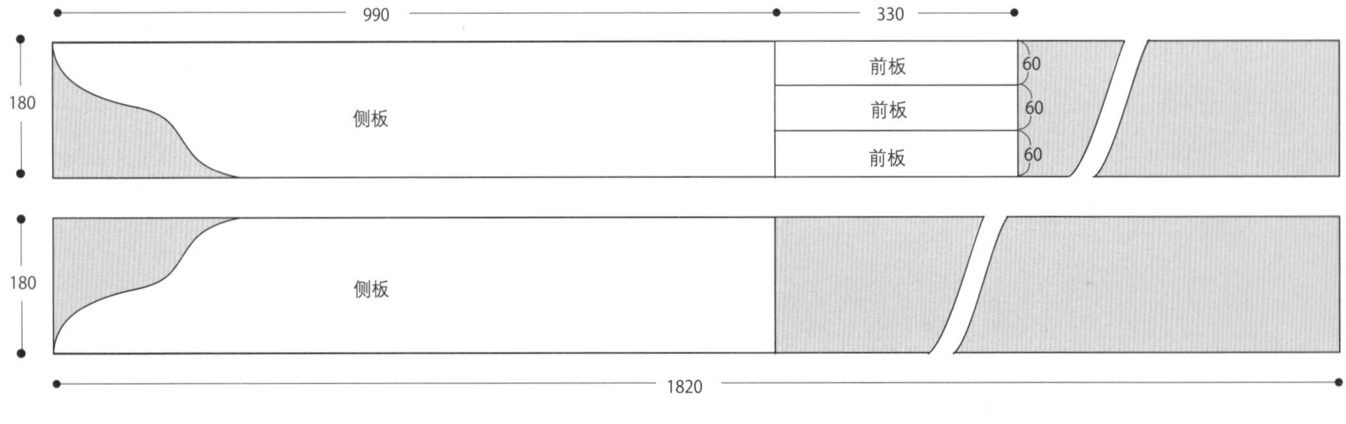

带柜门的储藏柜

实物图…P66

材料和要点

材料和要点参照P66。

制作图

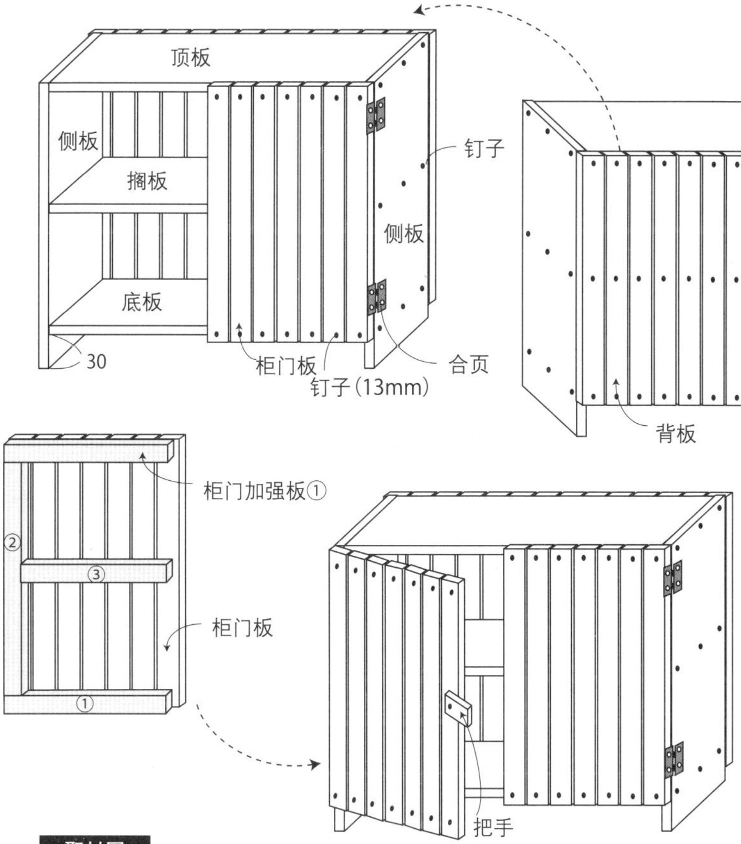

取材图

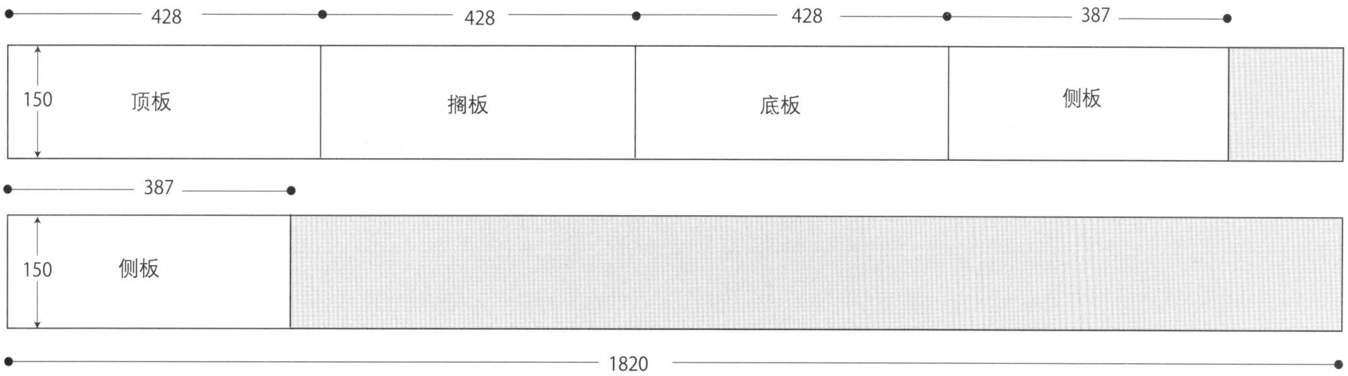

背板、柜门板

柜门加强板

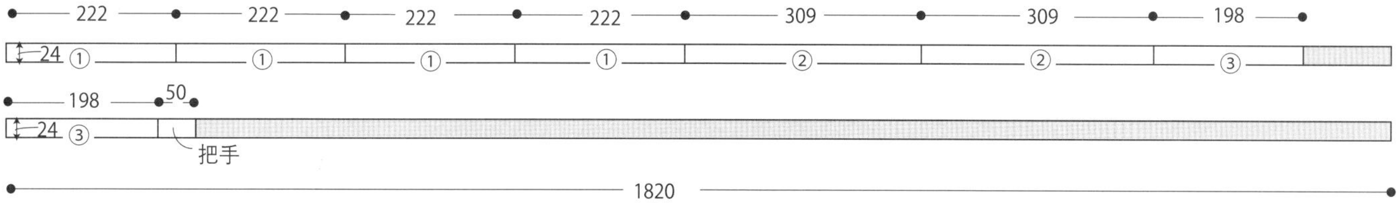

制作图

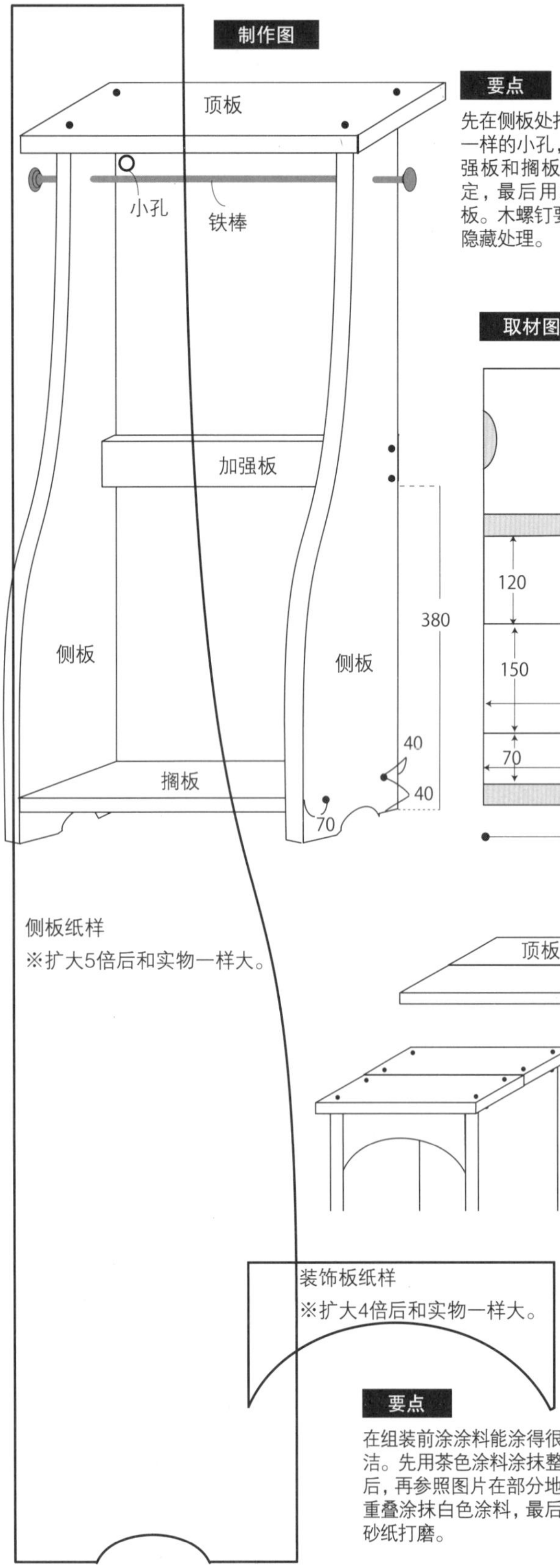

要点

先在侧板处打个和铁棒直径一样的小孔，再用侧板把加强板和搁板紧紧夹好后固定，最后用木螺钉固定顶板。木螺钉要全部进行螺帽隐藏处理。

立伞架

实物图…P70

材料

松木集成板（厚19mm）600mm×1070mm1块;橡胶板（厚4mm）19mm×180mm2块;铁棒600mm;填孔用圆木棒（直径5mm）适量;木螺钉（40mm）12颗;着色剂（黑胡桃木色、黑檀色）

取材图

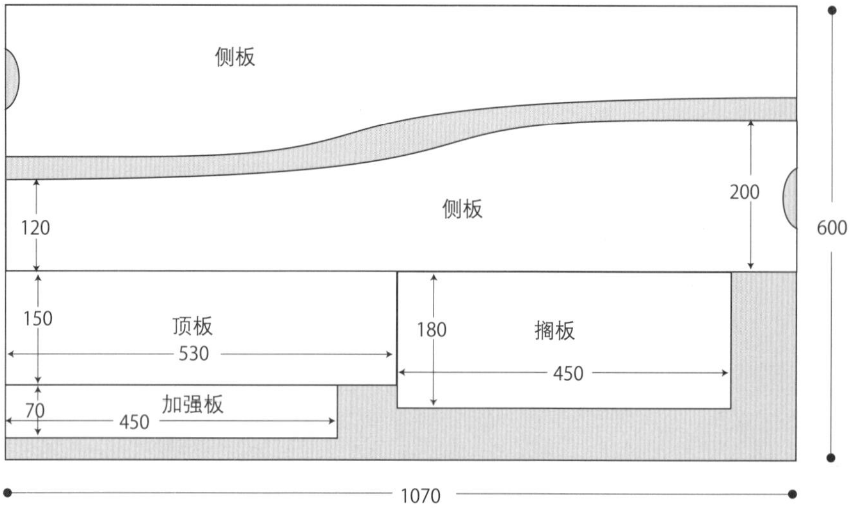

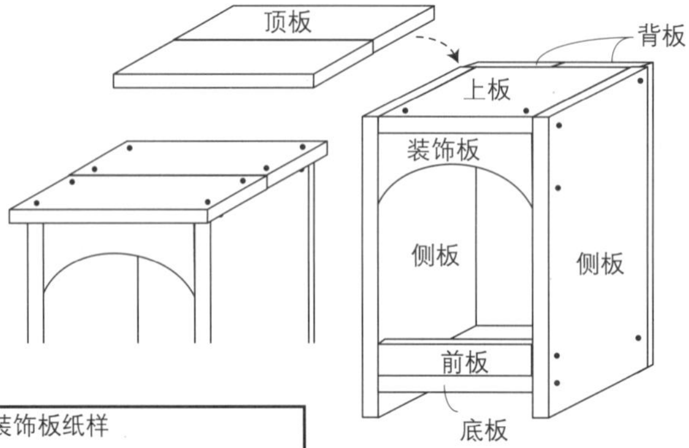

壁炉式陈列柜

实物图…P79

材料

杉木板（厚15mm）180mm×1820mm2块;木螺钉40mm的23颗，25mm的10颗;防水涂料（白色、茶色）

要点

在组装前涂涂料能涂得很整洁。先用茶色涂料涂抹整体后，再参照图片在部分地方重叠涂抹白色涂料，最后用砂纸打磨。

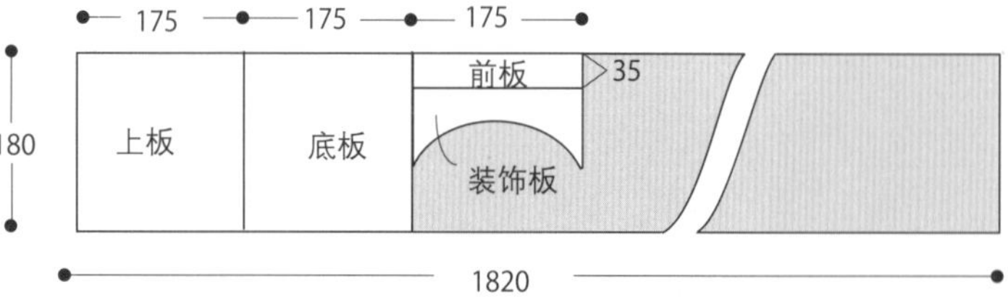

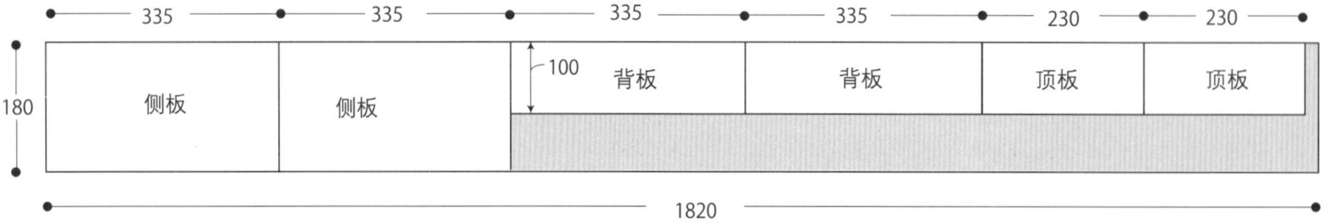

百变橱柜

实物图…P71

材料

松木板（厚15mm）120mm×1820mm2块，120mm×910mm3块，120mm×600mm4块；单板（厚5mm）300mm×600mm1块，600mm×900mm1块；木螺钉（25mm）12颗；钉子25mm的44颗，15mm的18颗；漆（白色）；防水涂料（深棕色、白色）

要点

用侧板将顶板和搁板紧紧夹好后用木螺钉固定。再用钉子（15mm）固定背板，最后在侧板处用钉子（25mm）固定搁板（小）。

制作图

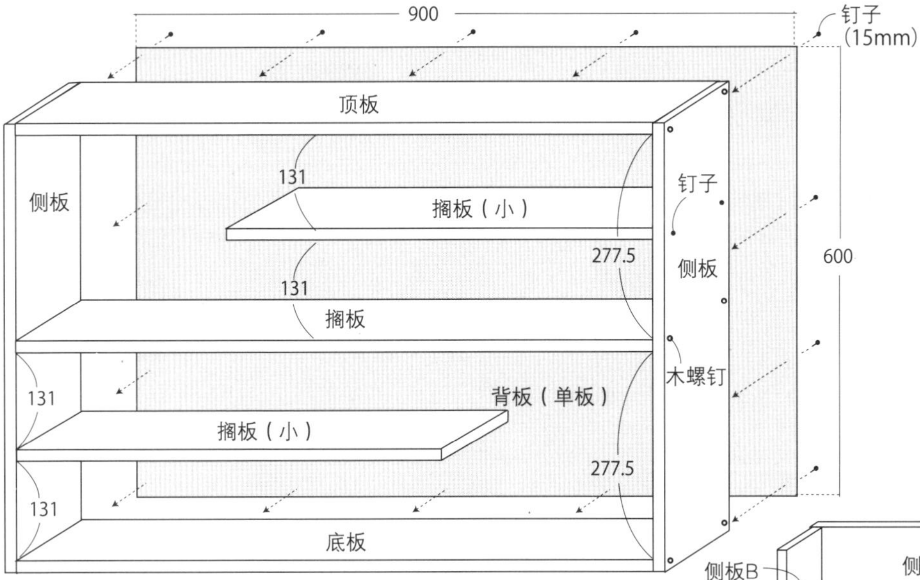

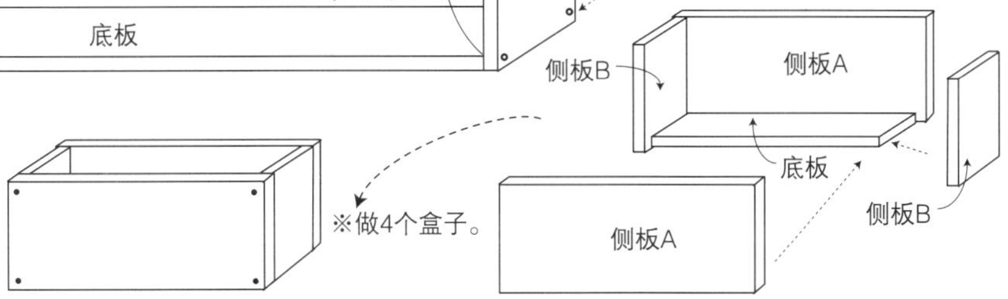

取材图

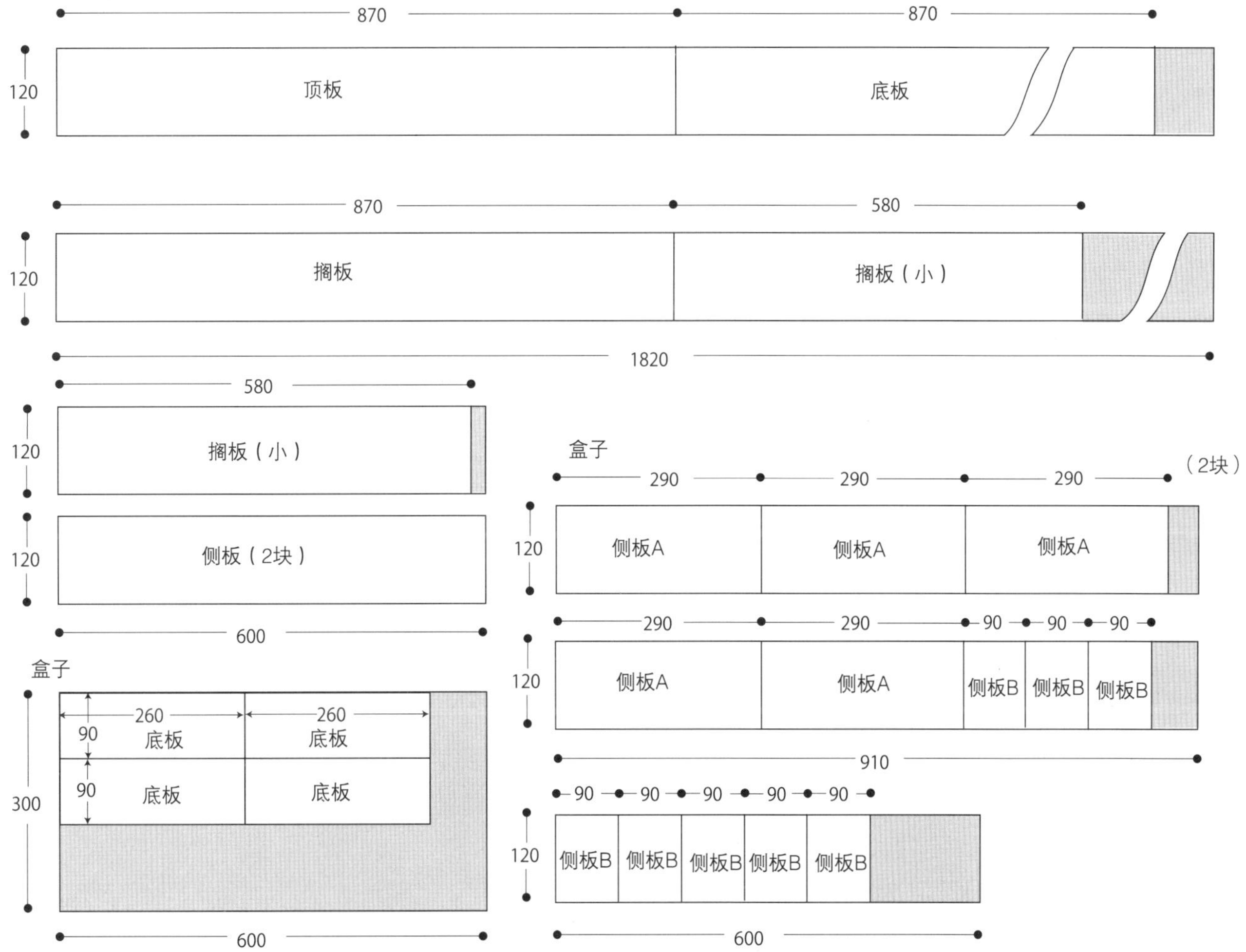

多功能储物柜

实物图…P72

材料和要点

材料和要点参照P72。

制作图

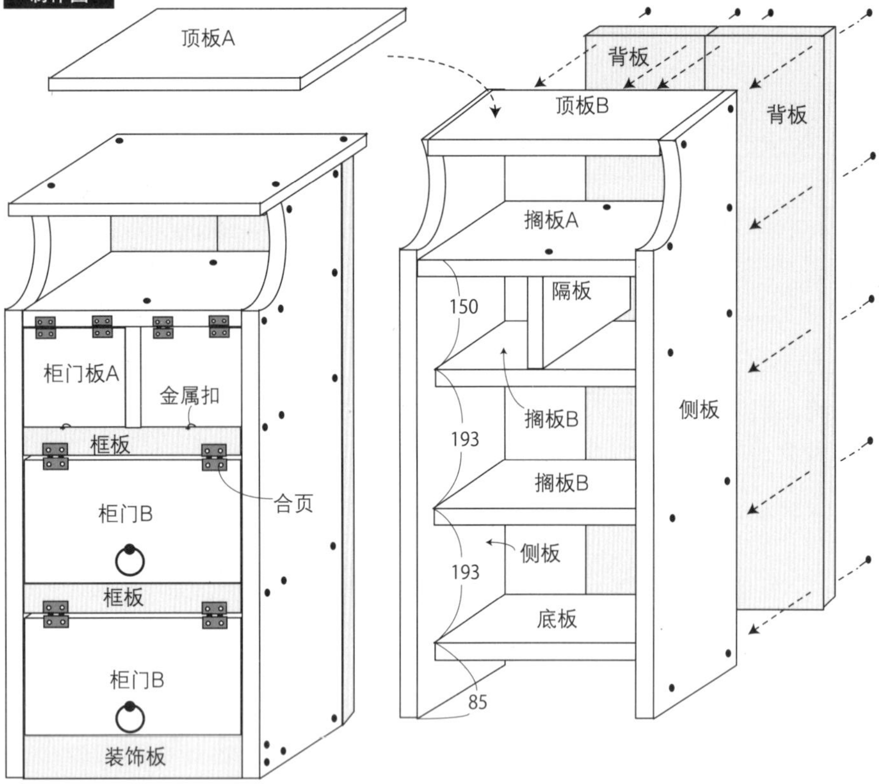

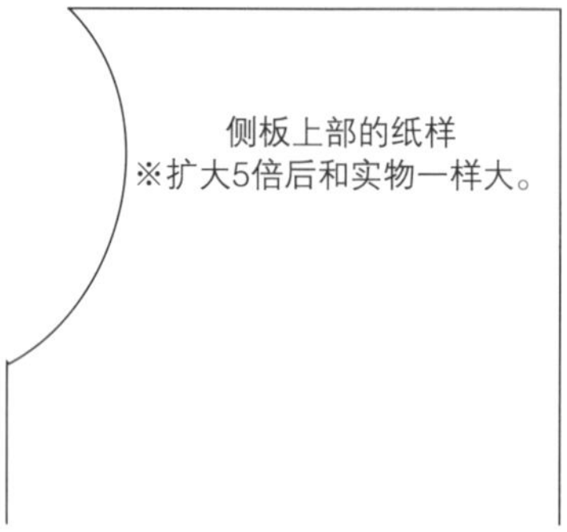

取材图

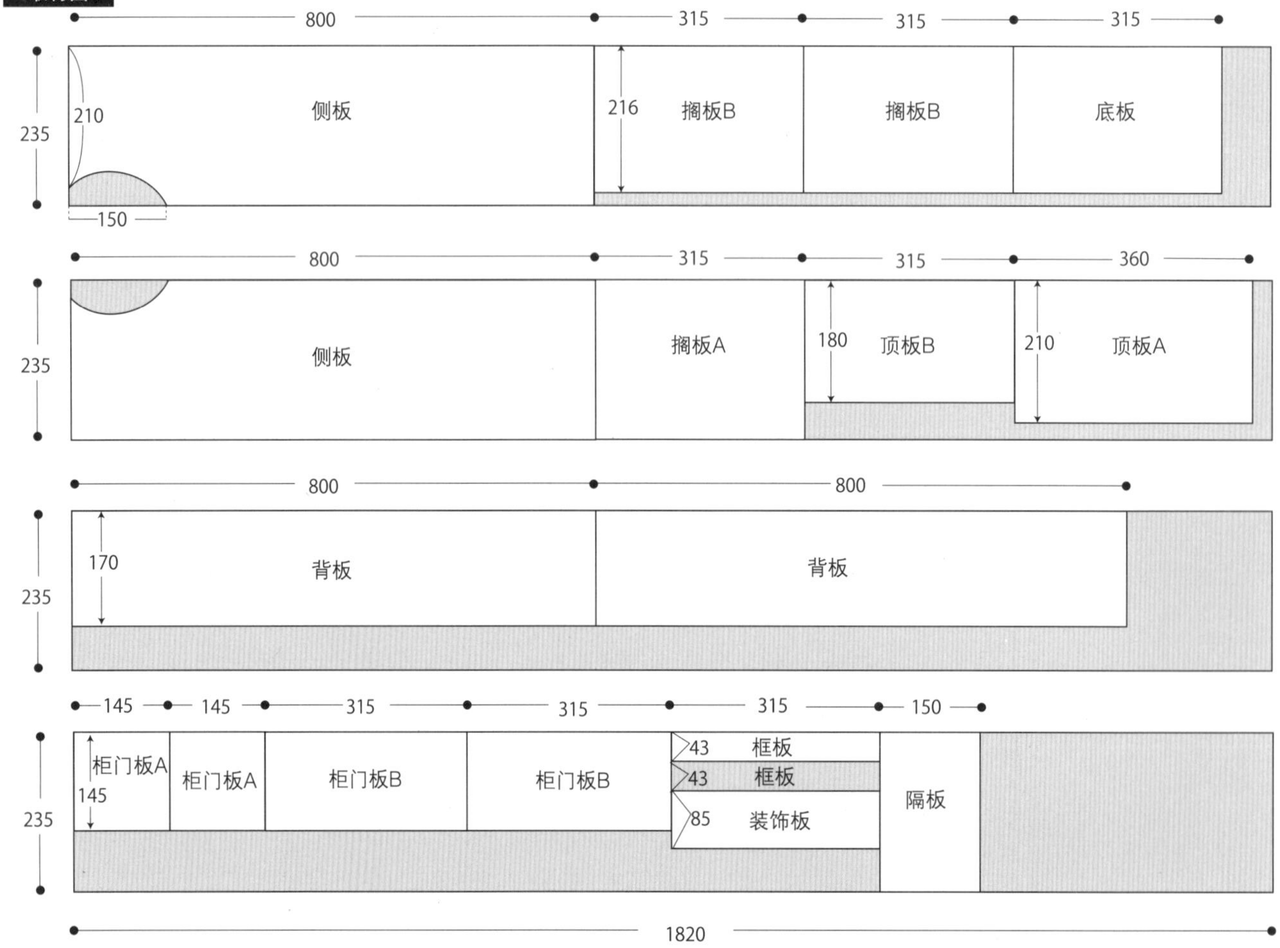

孩童座椅

实物图…P75

材料

松木板（厚30mm）45mm×1820mm2块；杉木板（厚18mm）235mm×1820mm1块；木螺钉75mm的26颗，30mm的8颗；防水涂料（白色、茶色）

制作图

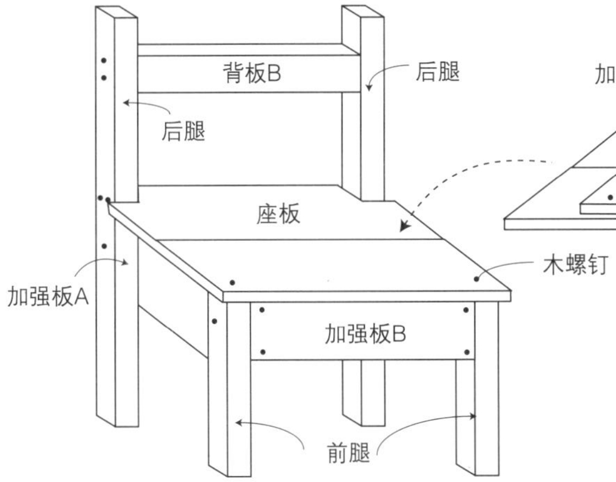

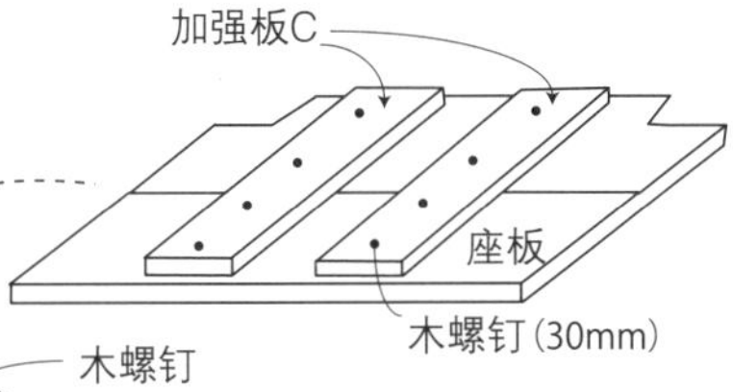

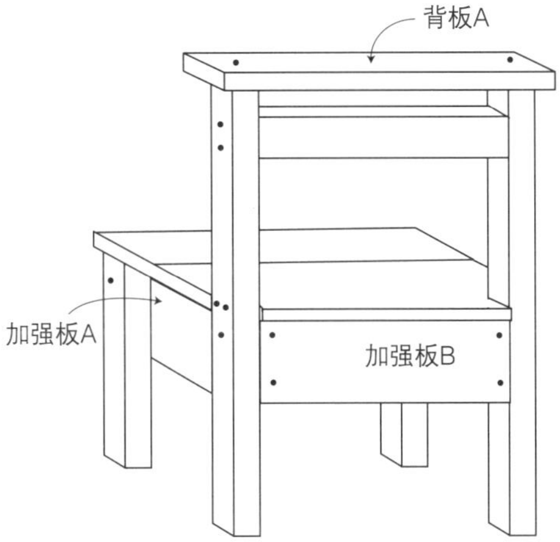

要点

注意使腿和加强板牢牢地保持垂直，不能歪斜。凳子若是有些摇晃的话，就用砂布打磨椅子腿底进行调整。

取材图

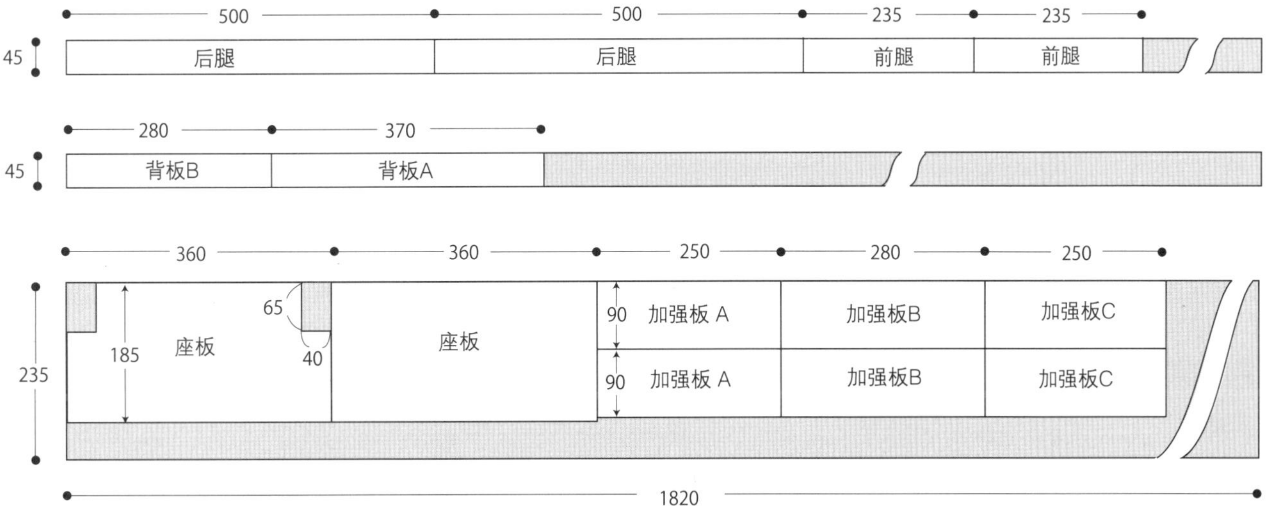

孩童用桌

实物图…P75

材料

松木板（厚30mm）40mm×1820mm2块，180mm×1820mm2块；杉木板（厚18mm）235mm×1820mm1块；单板（厚2mm）335mm×276mm1块；木螺钉75mm的50颗，45mm的18颗；防水涂料（淡蓝色、茶色）

要点

注意使腿和加强板牢牢地保持垂直，不能歪斜。最后在上板B处向加强板的方向用木螺钉固定连接。

制作图

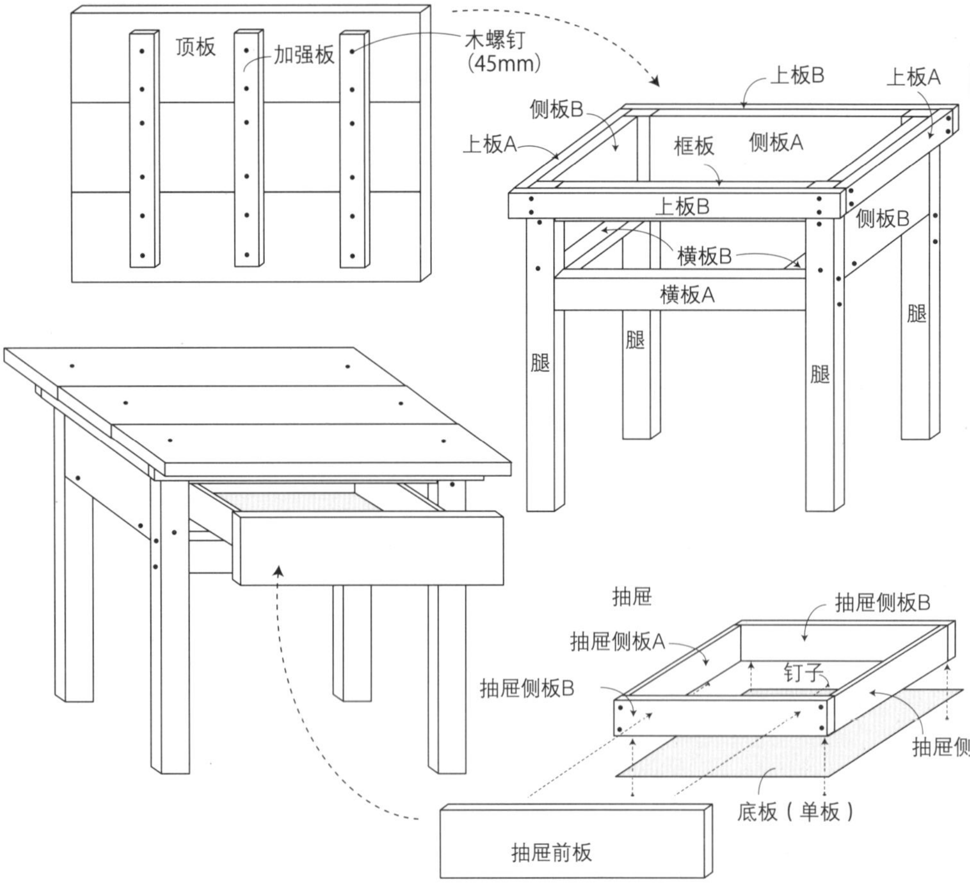

取材图

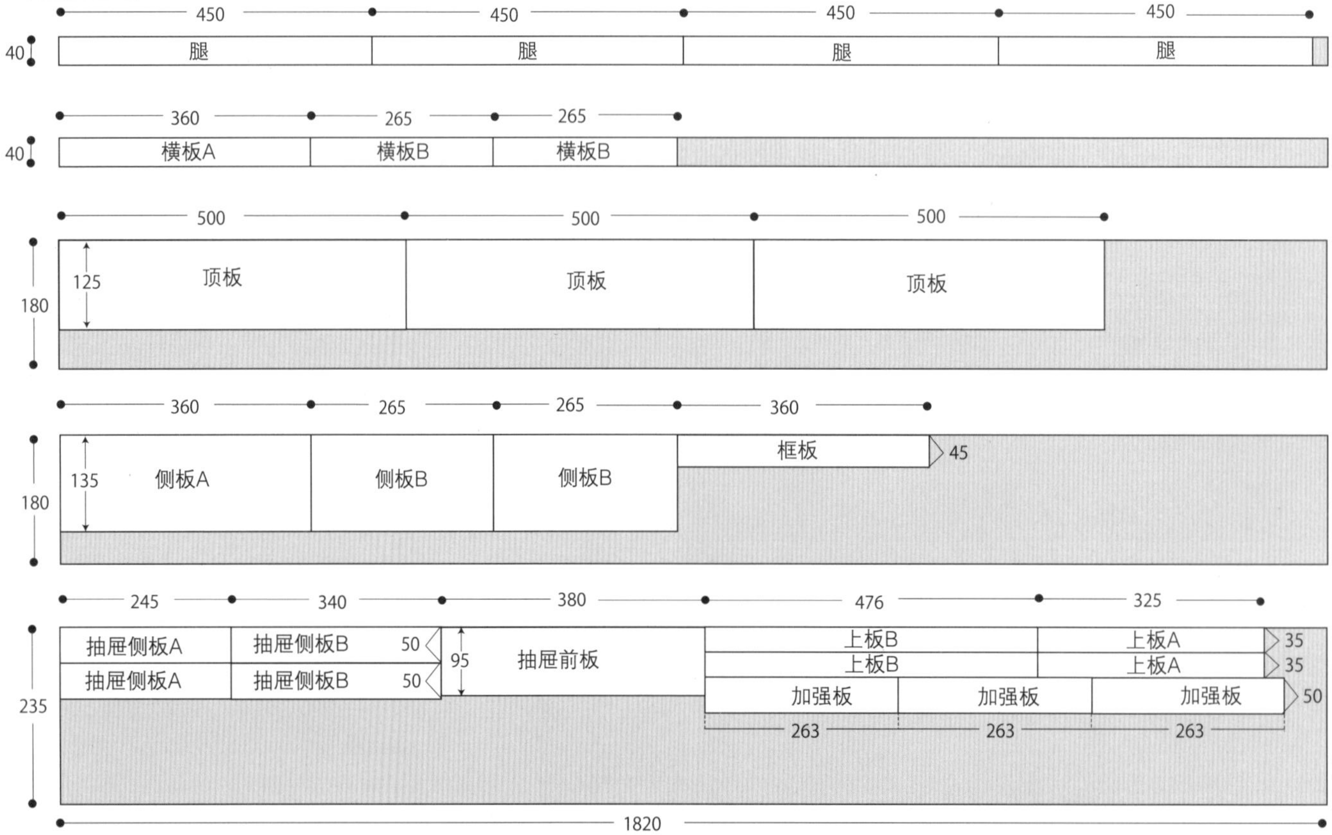

长凳

实物图…P76

材料

方木30mm×40mm×1800mm3块;松木集成板(厚18mm)301mm×350mm1块;长螺钉40mm的8颗,50mm的20颗,65mm的16颗;着色剂(胡桃木色);防水涂料(白色)

制作图

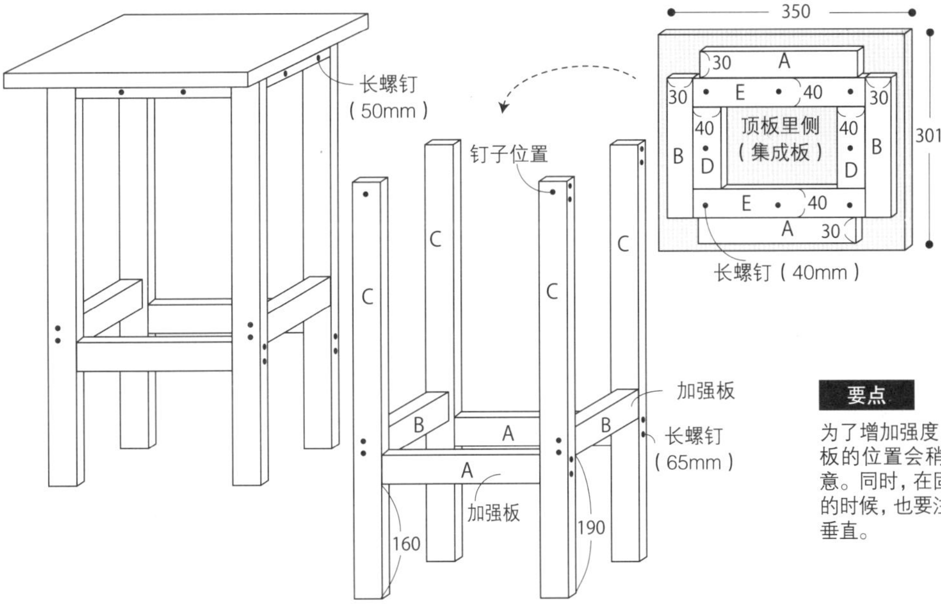

要点

为了增加强度,钉子的长度、加强板的位置会稍有不同,一定要注意。同时,在固定凳子腿和加强板的时候,也要注意保持它们之间的垂直。

取材图

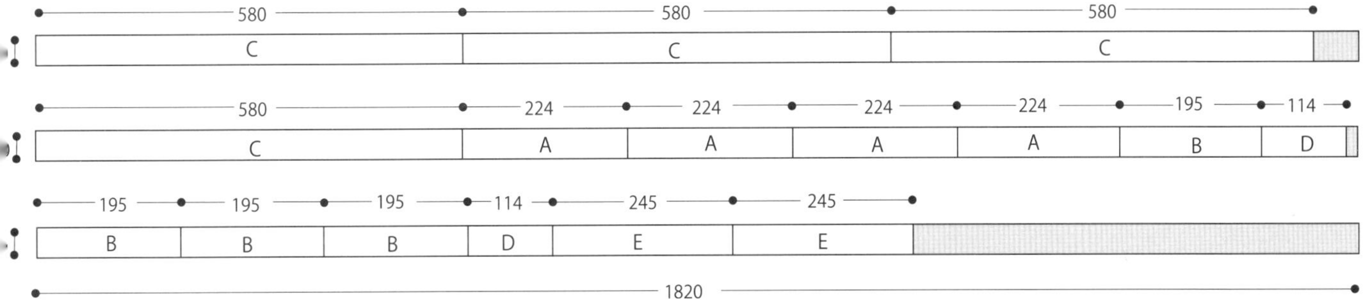

展示框架

实物图…P77

材料

杉木板(厚18mm)60mm×910mm2块,45mm×600mm1块;单板(厚5mm)320mm×518mm1块;金属丝适量;三角形金属吊环2个;钉子25mm的12颗,15mm的8颗,10mm的12颗;漆(白色);防水涂料(白色);丙烯颜料(深棕色)

要点

木框先用钉子(25mm)钉好之后,涂上深棕色的丙烯颜料。背板和搁板上面涂上漆,再涂上防水涂料之后,用钉子(10mm)钉在木框上。

制作图

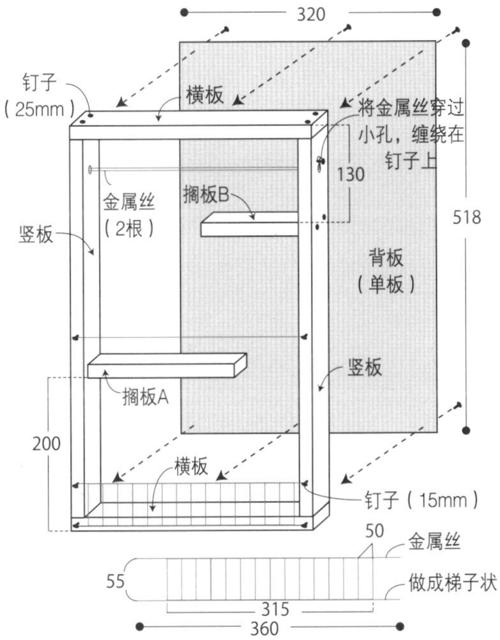

取材图

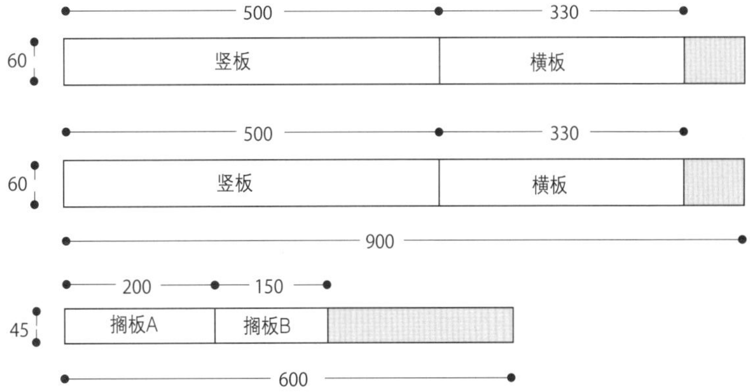

带抽屉的装饰架

实物图…P78

材料

杉木板（厚13mm）240mm×1820mm4块，100mm×1820mm2块；单板（厚2mm）232mm×240mm3块；螺钉（25mm）106颗；蜂蜡；直钉枪；铭牌 3个

制作图

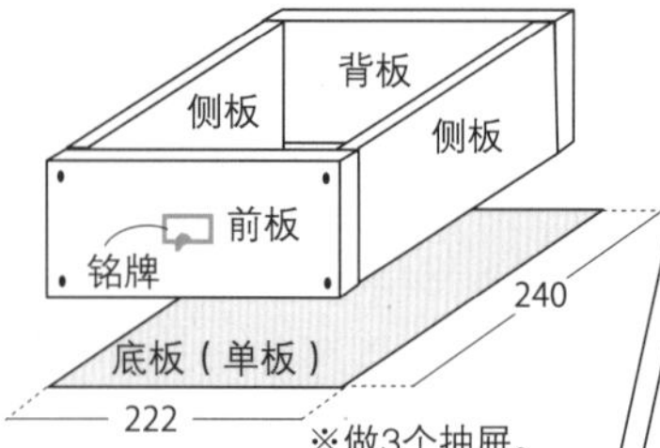

※做3个抽屉。用直钉枪固定底板。

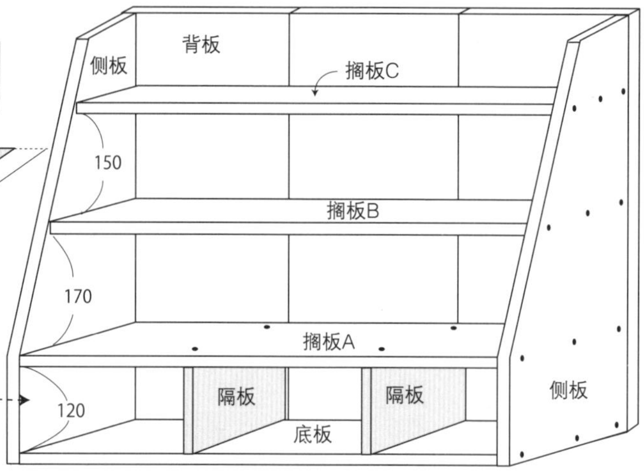

取材图

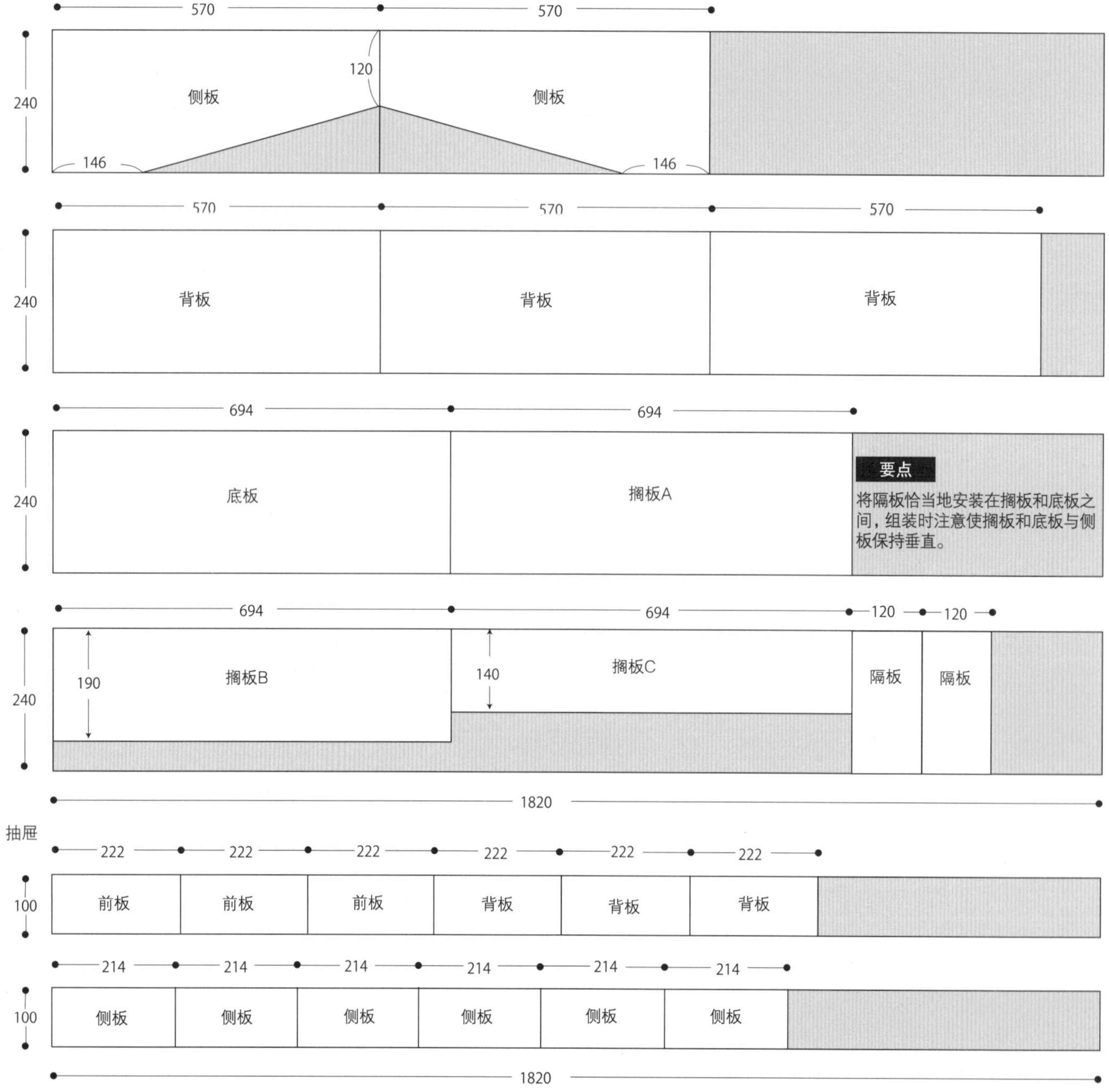

要点

将隔板恰当地安装在搁板和底板之间，组装时注意使搁板和底板与侧板保持垂直。

咖啡桌

实物图…P80

材料

SPF板（厚19mm）235mm×1200mm2块，185mm×1200mm1块，185mm×1110mm 1块，140mm×1110mm 2块，30mm×450mm 2块；SPF板（厚38mm）90mm×1050mm2块，90mm×500mm2块，38mm×450mm 2块，38mm×600mm4块；木螺钉75mm的20颗，38mm的24颗；填螺帽孔用的圆木棒（直径6mm）适量；着色剂（胡桃木色）

制作图

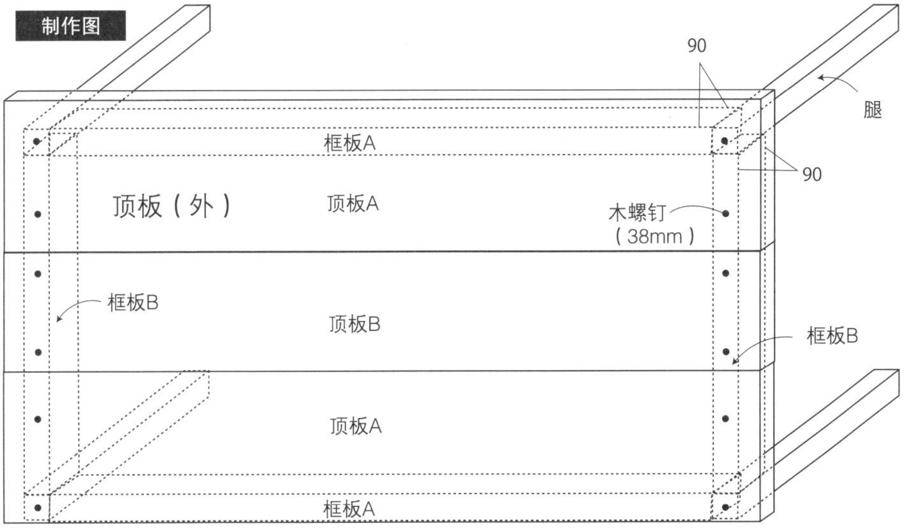

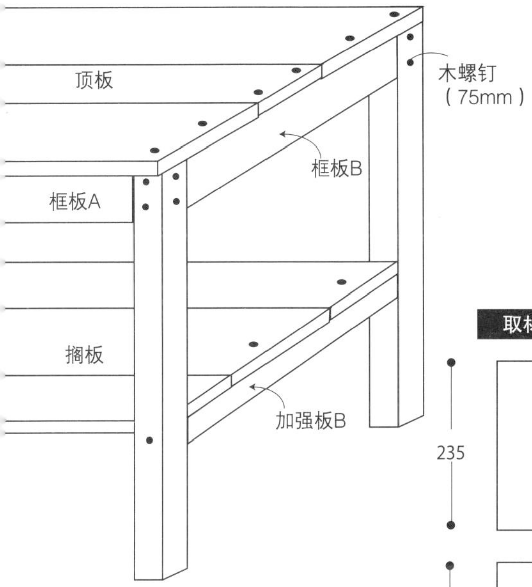

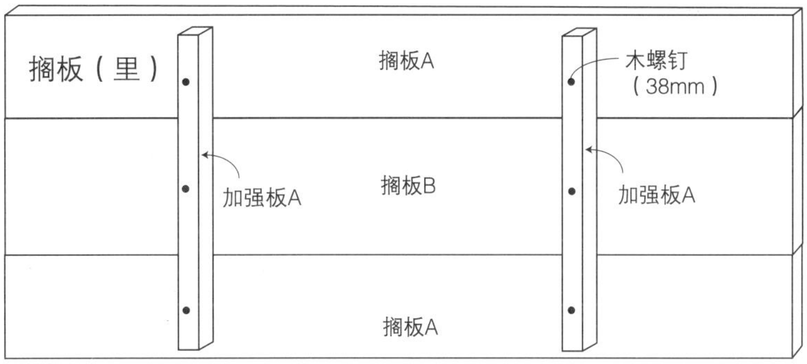

要点

首先保持腿和加强板、腿和框板的相互垂直，然后依次组装搁板和顶板。最后检查时若是出现摇晃的情况，可以用砂纸打磨腿底部进行微调整。

取材图

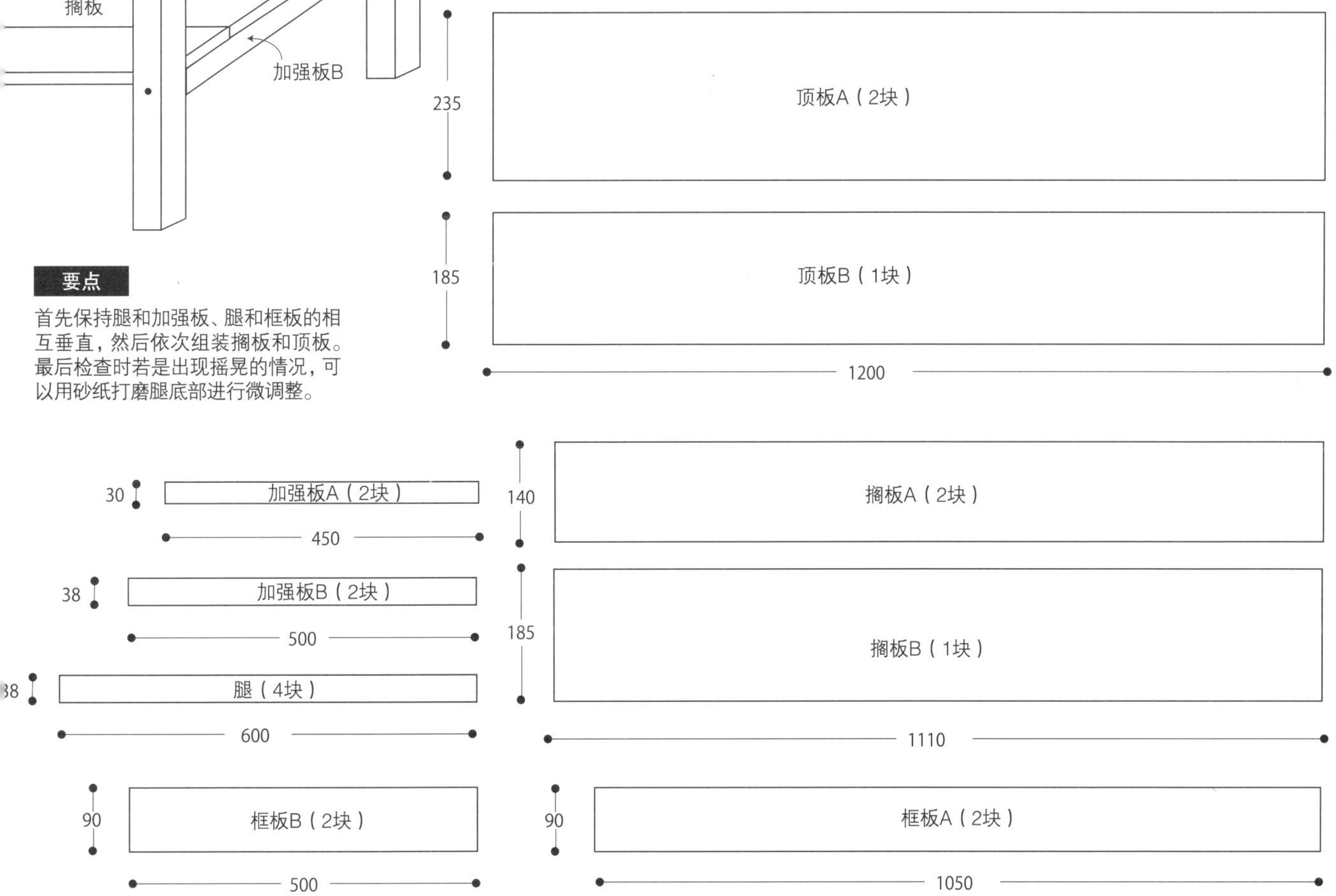

图书在版编目(CIP)数据

木工大师教你做36款自然风家具/日本宝库社编著；焦维林译. —郑州：河南科学技术出版社，2014. 5（2018. 1重印）
ISBN 978-7-5349-5472-6

Ⅰ. ①木… Ⅱ. ①日… ②焦… Ⅲ. ①木家具—生产工艺 Ⅳ. ①TS664. 1

中国版本图书馆CIP数据核字(2014)第046238号

出版发行：河南科学技术出版社
地址：郑州市经五路66号 邮编：450002
电话：（0371）65737028 65788613
网址：www. hnstp. cn
策划编辑：刘 欣
责任编辑：葛鹏程
责任校对：张小玲
封面设计：张 伟
责任印制：张艳芳
印 刷：河南新达彩印有限公司
经 销：全国新华书店
幅面尺寸：210mm×270mm 印张：6. 5 字数：150千字
版 次：2014年5月第1版 2018年1月第2次印刷
定 价：36. 00 元